本书由南疆重点产业创新发展支撑计划－畜禽新型天然驱虫剂的研发与南疆地区示范应用（2022DB018）项目，石河子大学高层次人次启动项目－胆碱能受体在炎症中的作用及其配体药物靶向抗炎活性的研究（RCZK202038），国家自然科学基金－积雪及其融水对绢蒿荒漠植物种子的二次分配（32060382）项目和石河子大学创新发展专项－第三师肉羊信息化养殖管理技术体系建立与示范（CXFZ202112）项目资助，特此感谢！

兽医中药学

孙志华　何虹稣　陈　磊　著

吉林大学出版社

·长　春·

图书在版编目（C I P）数据

兽医中药学 / 孙志华，何虹穌，陈磊著．-- 长春：吉林大学出版社，2023.3

ISBN 978-7-5768-1618-1

Ⅰ．①兽… Ⅱ．①孙… ②何… ③陈… Ⅲ．①中兽医学—中药学 Ⅳ．① S853.7

中国国家版本馆 CIP 数据核字 (2023) 第 068618 号

书　　名　兽医中药学
　　　　　SHOUYI ZHONGYAO XUE
作　　者　孙志华　何虹穌　陈磊　著
策划编辑　殷丽爽
责任编辑　曲　楠
责任校对　于　莹
装帧设计　李文文
出版发行　吉林大学出版社
社　　址　长春市人民大街 4059 号
邮政编码　130021
发行电话　0431-89580028/29/21
网　　址　http:/ / www. jlup. com. cn
电子邮箱　jldxcbs@ sina. com
印　　刷　天津和萱印刷有限公司
开　　本　787mm × 1092mm　1/16
印　　张　13.5
字　　数　240 千字
版　　次　2023 年 8 月第 1 版
印　　次　2023 年 8 月第 1 次
书　　号　ISBN 978-7-5768-1618-1
定　　价　72.00 元

作者简介

孙志华，男，1989 年 5 月出生，副教授，博士，硕士生导师，现于石河子大学动物科技学院从事兽医药理学和人兽共患病方面的教学与科研工作，研究方向主要是重要人兽共患病致病机理和兽药创制研究，主持和参与省部级科研项目 10 余项，发表论文 20 余篇，其中 SCI 收录 10 余篇，获兵团自然科学二等奖 1 项，自治区教学成果奖二等奖 1 项，石河子大学教学成果特等奖 1 项。

何虹稣，女，农学博士，石河子大学讲师。主要研究方向为天然草地评价及利用、人工草地高产栽培研究。主讲《草地学》、《畜禽生态学》、《动物行为学》，承担《草地学》教学实习、动物科学专业实践锻炼。主持国家自然科学基金 1 项，校级项目 2 项。参与国家、省部级项目 5 项。

陈磊，男，1982 年 5 月出生，江苏淮阴人，博士 / 博士后，副教授，硕士研究生导师。现于石河子大学动物科技学院从事动物遗传育种与繁殖方面的教学与科研工作，主讲《羊生产学》、《畜牧业经济管理》、《动物福利》、《特种动物资源及养殖技术》和《现代动物育种学》等本科和研究生课程，研究方向主要是绵羊毛囊发育、抗病育种以及功能基因挖掘与利用，主持完成省部级项目 3 项，主持在研校级项目 2 项，参与完成国家和省部级项目 10 余项，发表国内外高水平论文 20 余篇，其中 SCI 收录 10 余篇。

前言

兽医中药学是中华民族优秀的传统文化遗产，是几千年来人们在与畜禽疾病斗争中不断实践、领悟的睿智结晶，有着悠久的历史和丰富的临床经验。兽医中药学注重整体的辨证思维，旨在调节机体，减少医、药源性疾病。所用之药大多就地取材，来自天然，既无畜禽产品污染之嫌，也无环境污染之害，更无耐药、抗药等毒副作用。顺应了高效低毒、绿色环保的世界医学潮流，符合以人为本的科学发展观，促进了畜禽与自然的和谐相融。

改革开放以来，我国畜牧业快速发展，迅速成为世界第一畜牧生产大国。但是，我国的动物疫病形势较为严峻，动物性食品安全状况也不尽如人意，因而要求兽医工作者在思想观念、诊断方法和防治技术等方面不断进行更新和完善。兽医中药学作为中华民族优秀的传统文化遗产，主动适应畜牧业生产结构调整和畜禽疫病发生与流行的新形势，积极吸纳现代科学理论与新技术、新方法，在动物疫病防治、提高动物生产性能和保障畜产品安全方面发挥着越来越重要的作用。畜牧兽医工作者学习和应用兽医中药理论和技术的热情日渐高涨，很多高等院校开设了“兽医中药学”课程，编写具有高等教育特色的兽医中药课程教材就成为紧迫的任务。

本书共七章，第一章为绪论，分别介绍兽医中药学的起源和发展、兽医中药学的基础理论；第二章分别介绍中药的产地、中药的采集和中药的贮藏；第三章对中药的毒副作用与中药的炮制展开分析；第四章为中药的方剂和配伍，内容包括方剂的组成、变化和种类，以及方剂的配伍和用药禁忌；第五章为中药的应用，分别介绍中药的剂型、中药的剂量和中药的用法；第六章为中药的化学成分，内容包括研究中药化学成分的意义、中药化学成分的种类和中药的有效化学成分合成及应用；第七章为常用中兽药，主要介绍了解表药、清热药、泻下药、祛湿药、消导药、驱虫药、外用药、理气药和补虚药。

本书作者为孙志华、何虹稣、陈磊。其中，孙志华负责10万字，何虹稣负责10万字，陈磊负责4万字的编写工作。作者得到了许多专家学者的帮助和指导，参考了大量的学术文献，在此表示真诚的感谢。本书内容系统全面，论述条理清晰，但由于作者水平有限，疏漏之处在所难免，希望广大读者予以指正。

作　者

2022年6月

目 录

第一章 绪 论

本章为绪论部分，第一节为兽医中药学的起源和发展，介绍了从尝草实践、诸子百家，到唐、宋、元、明和清，以及现代的中药发展历程。第二节为兽医中药学的基础理论，分别介绍了药物与阴阳学说、药物与五行学说及药物与四诊八证，以及药性理论。

第一节 兽医中药学的起源和发展

一、兽医中药学的起源

（一）尝草实践

在原始社会的初期，先人在采集野果、种子和挖取植物根茎的过程中，由于饥不择食，自然会误食某些有毒植物而发生呕吐、腹泻，甚至引起昏迷和死亡。如误食大黄引起腹泻，吃入瓜蒂而引起呕吐等。通过反复观察与体验，逐步知晓了哪些植物对机体有益，哪些植物对机体有害，哪些植物对机体有治疗效应，哪些植物对机体有毒性作用，进而有意识地加以利用以趋利避害，这就是早期植物药的发现。后来，人们在狩猎和捕鱼时，逐渐发现一些动物成分的治疗作用。《淮南子·修务训》中有神农"尝百草之滋味，水泉之甘苦，令民知所避就，当此之时，一日而遇七十毒"的记述，客观地反映了我国劳动人民由渔猎时代过渡到原始农牧业时代发现药物、积累经验的艰苦过程。

夏、商之期（公元前15世纪至公元前11世纪），由于铜制工具的发明，农业生产得到了发展，这时巫医使用的药物已经发展到百种之多。从东周到战国时代（公元前 11 世纪至公元前 3 世纪），由于铁器的出现，不但使农、工、商有了进一步发展，且医药、卫生和行政也已经开始分工。例如，巫与医分职，设医师掌医之政令，分医为疾医（内科）、疡医（外科）、食医（管理饮食）和兽医，这是世界最早的医学分科。相传黄帝时代就出现了最早的名兽医马师皇，在西汉时的《列仙传》中，也出现了马师皇用药和针治疗兽病的记载。东周时的孙阳，官封为伯乐将军，亦擅医马，并有《伯乐治马杂病经》一书，这本书虽已失传，但可知孙阳是有史可考的最早的兽医药学者。又据《周礼》所载，在周代朝廷中已有兽医的分职，这时兽医的职掌是："掌兽病，疗兽疡；凡疗兽医灌而行之，以节之，以功其气，观其所发而养之；凡疗兽疡灌而制之，以发其恶，然后药之，养殖，食志；凡兽之有病者，有疡者，使疗之；死则计其数，以道退之。"其他如柳叶治马疥痂疮、梓白皮治猪疮、牛扁疗牛病等也都有了详尽的描述。

从这些记载中，诠释出当时采用药物防治兽病，已经有了一定的成就。

（二）诸子百家

在医药方面，我国先秦诸子书中有关药物的资料为数不少。《山海经》载有动、植物药 127 种，并记述了"流赭（代赭石）以涂牛马无病"的医疗用途；《诗经》中涉及的动、植物药就达 300 余种；帛书《五十二病方》中载方 280 多个，涉及药物 240 余种，对炮制、制剂、用法、禁忌等皆有记述，至今有不少仍然沿用。现存最早的中药学著作后汉时代的《神农本草经》（约公元 2 世纪）是我国，共 3 卷，载药 365 种。书中按照药物的功效分上品、中品、下品三类，并对中药学的四气五味、有毒无毒、配伍法度、服药方法，以及丸、散、膏、酒等多种剂型进行了简述。如所记朴硝、大黄、甘草及麻黄等多种药物，仍是当下中兽医临床常用之品；所载麻黄定喘、黄连治痢、阿胶止血、当归调经、常山抗痴、苦楝子驱虫等药物功效均科学可信，并一直沿用至今。在秦汉时代的《黄帝内经》中还有汤、饮、酒、醴、膏、丸等制剂的记载，如半夏汤见于《内经·灵枢》，鸡矢醴见于《内经·素问》，这些史实均说明了我国制剂技术比欧洲要早得多，而商汤伊尹所著的《汤液经》，更说明了我国汤剂应用的悠久历史。

两汉至南北朝时期，对药物的研究有了很大提升，研究的药物种类增多，内容涵盖生药形态、生态条件、相关物候知识等，中药炮制学的雏形逐渐显现，并留下了《本草经集注》《名医别录》和《药对》等近百种本草书籍。

汉代的《流沙墜简》和《居延汉简》所载的兽医方，是现在所能看到的最早的兽医药方。从汉简兽医方的材料来看，可知当时在兽医药物方面，除了应用汤剂外，还有外涂的膏药和丸药的应用，并且已知服药有草前草后的分别，足以证明汉代的兽医药物应用已经相当成熟。后魏贾思勰所撰《齐民要术》，是一部最古老、最完整的农书，其卷六是最早的、比较系统的畜牧兽医科学文献，其中收载了许多兽医药物和方剂。在药物方面，记载了用麦蘖（麦芽）治疗中谷，麻子汁治疗腹胀，榆白皮治疗咳嗽，芥子、巴豆治疗马脚生附骨等；在方剂方面，列举了治疗马、驴、牛、羊、猪的药方 40 余个。此外，还有汤剂、散剂、膏剂、煎剂、胶剂、酒剂及熏烟剂的记载，这足以说明我国在 6 世纪以前兽医药物已经相当丰富了。我国的制药史与炼丹术是分不开的，炼丹术盛行于两晋，南北朝时期，葛洪所著的《肘后备急方》除记载了治疗牛、马等六畜水谷疫疠诸病方外，还记载了不少含砒的药方。这比阿拉伯和印度要早 800 年左右，比欧洲 16 世纪用汞治病要早 1000 多年。现在外用中药红升丹、黄丹、白降丹等，都是炼丹术的产物。

梁代名医陶弘景搜集整理魏、晋以来名医所用药物与成就，并对《神农本草经》逐条进行注释与发挥，编著成《本草经集注》502 年）。全书共 7 卷，记载药物 730 种。不但分类方法有了创新，而且在每种药物之后，注译了关于药物品种的形态、采集的季节和处方等资料。可见当时人们已经熟悉了药物品种与药物疗效之间的关系，具有较高的学术水平，标志着综合本草模式的初步确立。

南朝刘宋时期雷敩所撰的《雷公炮炙论》，是我国的制药专著，他总结了我国公元 5 世纪以前的 300 种药物的炮制经验和 17 种制药的基本操作方法。叙述了药物通过炮、炙、煨、炒等高温和机械的物理学方法炮制可以提高药效、减轻毒性或烈性。该书的出现，标志着我国第一部炮制专著的产生。随着当时中外文化交流的增多，西域和南海诸国药物如龙脑、檀香、乳香、沉香、苏合香等也开始输入我国。这些药物经研究发现其药用价值后，均按中兽医药学的理论和方法予以论证，并纳入中兽医药学体系之中沿用至今。

二、兽医中药学的发展

（一）在唐代的发展

隋唐时期，随着政权的统一和经济的发展，以及与海外经济文化交流的日益增加，医药学也有了较大发展。从海外输入的药材品种亦有所增加，极大地丰富了我国药学宝库，各地使用的药物总数已达千种。由于长期分裂和战乱等多种原因，造成药物品种和名称的混乱，加之《本草经集注》在100多年来的传抄中也出现了不少错误。因此，对本草学进行一次大规模的整理，既是当时的迫切需要，也是本草学发展的必然结果。唐显庆四年（659年）颁行了由苏敬、李勣等主持编纂的《新修本草》，即“唐本草”，是我国历史上第一部由统治王朝主持修订的官修本草，也是世界上最早的一部药典。全书卷帙浩博，共计53卷，收载药物共844种，其中也涵盖了兽医所用药物。该书图文对照的编写方法，开创了世界药学著作的先例，无论形式和内容，都有特色和创新，不仅反映了唐代药学的成就，对后世药学的发展也有深远的影响。

唐开元年间（713—741年）陈藏器的《本草拾遗》，不但增补了大量民间药物，而且辨识品类也极审慎。首次将各种药物的功用概括为宣、通、补、泻、轻、重、滑、涩、燥、湿10类，开创了中药按临床功效分类之先河，并开始使用动物组织、器官、菌和激素制剂，如《新修本草》记载了用羊肝治疗夜盲症和改善视力的经验，《本草拾遗》记录了人胎盘作为强壮剂的效果；孙思邈的《备急千金要方》中则有用羊靥（羊的甲状腺）和鹿靥治疗甲状腺病的记述；甄权的《药性论》对酵母制剂神曲的性质功用有了明确的叙述。唐朝至五代时期对某些食物药和外来药都有专门的研究，如孟诜的《食疗本草》是这一时期最有代表性的食疗专著；李洵的《海药本草》则将海外输入药物和南药补充进了本草学的范畴。这些史料都翔实地反映出唐代中药学发展的巨大成就和总体水平。

唐代李石等著的《司牧安骥集》虽然没有专篇记载兽用药物，但从该书的“看马五脏变动形相七十二大病”的序言中有“昔神农皇帝，创置药草八百余种，流传人间，救疗并马”。可知当时所采用的兽医药物，已经相当广泛了。在日译《师皇安骥集》第十二卷里，共载有兽医药物277种，其中分为石部和草部，而且每种药物都详载有性味、主治和禁忌等，有些药物还注明了产地。

（二）在宋元时期的发展

宋代用药数目更有较大幅度的增加，对生药的形性鉴别和药物的生态环境研究有了进一步发展，非常重视道地药材和质量规格。制剂也有长足进步，制定了制剂规范，《太平惠民和剂局方》即是这方面的重要文献。宋代已经将重要的配伍禁忌药物具体加以总结，列出其名称，即后世所遵循的“十八反”“十九畏”。由于经济、文化、科学技术的进步，尤其是雕版印刷的应用，为宋代本草学术的发展提供了有利条件。973—974年刊行了《开宝本草》，1060年刊行了《嘉枯补注本草》，1061年刊行了《本草图经》。《本草图经》简称《图经》，所附900多幅药图，是我国现存最早的版刻本草图谱。王愈撰的《蕃牧纂验方》现仅残存元刻版卷八，分上、下两卷，卷上载有验方56个，并详述了其配制法和应用。《安骥药方》也是我国治马、驴病的验方汇编，其编者和编集详尽年代虽未得知（1130—1137年），但从所载的140余个药方看来，其内容比《蕃牧纂验方》更为丰富，这两本书都是具有较高学术价值的古代兽医验方汇编。唐慎微的《经史证类备急本草》，后世简称《证类本草》（1108年），共32卷，研究整理了大量经史文献中有关药学的资料，不但校正和补充了1 746种药物，而且还增加了多种药物的采集、产地及炮炙法，并于各药之后附列民间常用方剂以相印证，医药紧密结合，内容极为丰富。宋代以前许多本草资料后来已经亡佚，部分文献赖此引用得以保存。

金元时期，由于宋代方兴未艾的药理研究，本草著作的大量辑刊，留下了丰富的药学文献，极大拓展了金元医家的学术视野。他们不再承袭唐代的本草学风，以资料荟萃整理、药物品种搜寻和基源考证为重点，编纂药书不求其赅备而多期于实用。因此，这一时期的本草大多出自医家之手，内容简要而具有明显的临床药物学特征，着力发展医学经典中有关升降浮沉、性味归经等药性理论，使之更为系统。以药物形、色、气味为主线，运用气化、运气和阴阳学说，建立整套法象药理模式，旨在大兴药物奏效原理探求之风，如王好古的《汤液本草》，张元素的《珍珠囊》与《脏腑标本药式》，朱丹溪的《本草衍义补遗》，刘完素的《素问药注》和《本草论》，李杲的《药类法象》与《用药心法》等。元代东原卞管勾著的《痊骥通玄论》一书中所载的注解汤头药方76个，论五疗肿的治疗药方38个，共计112方，特别是篇后所载的“逡骥药性治疗用药须知”，按疗效记载了药物245种，可以说是现存较早的“兽医中药篇”。

（三）在明清时期的发展

我国明代（1368—1644年）我国伟大的药学家李时珍（1518—1593年）长期深入民间，亲历实践，毕生从事药物研究。他遍寻土俗，远穷僻壤，足迹遍布大江南北，向渔民、樵夫、药农、药工和兽医等学习请教，对药物做实地考察，进行科学的整理和研究，花了近30年心血，博览群书，将自宋《证类本草》刊行以来，尚未整理的药物做了全面的整理、总结并纠正错误，吸收了大量的民间药物和外来药物，写成了符合时代发展的科学巨著——《本草纲目》。该书约190万字，共分52卷，收载药物1 892种，附方11 000多个，绘制了1 160幅药物标本图。其中，由李时珍新增的药物374种，专门提到兽医用的药物60余种。该书按药物的自然属性分为16纲，60类。这种科学分类法较西方植物分类学创始人林奈的《自然系统》一书还要早100多年。《本草纲目》于17世纪末传到国外，现有7种以上文字的译本流行于世，对世界药物学、植物学和动物学等自然科学的发展有很大的影响。

明代在我国科学技术传播海外的同时，也引进了一些外来药，如曼陀罗、番红花、番木鳖、阿芙蓉等。明代后期，约为17世纪时的著作《白猿经》记载用新鲜乌头榨汁、日晒、烟熏，则“药面上结成冰”，“冰”即结晶，为乌头碱的结晶，比欧洲在19世纪初从鸦片中提炼出号称世界第一种生物碱的吗啡早100多年。

明代万历年间，著名兽医喻本元、喻本亨合编的兽医巨著《元亨疗马集》，集合了历代中兽医学的精华，是我国古代兽医的代表作之一。该书刊行于公元1608年，收载药物400余种，方剂400余则，是目前学习古兽医最有参考价值的著作之一。明崇祯六年（公元1633年）的《新编集成马医方、牛医方》共记载医马验方161个，医牛验方51个。同一时期，徐光启著的《农政全书》（公元1639年）卷41，记载了治疗马、驴、牛、羊、猪、狗、猫、鸡的疾病验方100余个。

清代（1644—1911 年）杰出的中医药学家赵学敏（约 1736—1808 年），对民间草药做了广泛的收集和整理，于 1765 年刊行《本草纲目拾遗》。本书收载大量的民间药，同时对不少外来药进行了验证，大大丰富了我国药学宝库。全书共收载中药 921 种，新增加 716 种，对补充《本草纲目》、充实中药学内容有很大贡献。

清代如嘉庆年间傅述凤著的《养耕集》（公元 1800 年），收载药物 135 种，治牛病方 100 余个。周海蓬著《疗马集》（公元 1788 年），收载药方 110 个。随后的《牛经切要》（公元 1886 年），收载治牛、猪病方 36 个;《猪经大全》（公元 1900 年）记载猪病 50 多种，验方 63 个。这些方书都成为民间学习兽医的主要著作，对我国畜牧业的发展起到一定的积极作用。

我国中兽医药学自汉代到清代，各个时期都有不同的成就和特色，且代代相承，在几千年的发展中，中药的文献资料日益增多，内容十分广泛，现存的本草书籍有 400 余种，如实地记录了我国人民在医药方面的创造和巨大成就。

然而，自鸦片战争后的百年间，兽医中药学的发展受到阻碍，处于停滞不前、濒于毁灭的境地。

（四）在现代的发展

中华人民共和国成立后，党和国家政府非常重视祖国的文化遗产。1956 年 1 月，国务院颁布了《关于加强民间兽医工作的指示》，提出了对民间兽医应采取“团结、使用、教育、提高”的方针。同年 9 月，国务院农林部召开了民间兽医工作座谈会，会上交流了治疗畜禽病的验方 500 多个。1958 年 7 月在兰州成立了全国性的中兽医研究所。此后，全国各省相继成立了中兽医研究所（室），开展对中兽医的学术研究。为尽快培养中兽医科技人才，河北省成立了第一所中兽医学校。1959 年，农林部开展了全国中兽医师资培训工作，为全国大中专农业院校培养了一大批中兽医师资，从此，中兽医学的教育工作在全国蓬勃展开。全国农业院校和中等农业学校畜牧兽医专业开设了中兽医学课程，有条件的还开办了中兽医专业，如四川畜牧兽医学院（现西南大学荣昌校区）从 1979 年开始了中兽医本科教育，为国家培养了一大批既懂西医又懂中医的专业人才。1998 年，根据教育部公布的新专业目录，中兽医专业合并到动物医学，部分学校在动物医学专业中分出中兽医方向，培养学生的中兽医药学知识和技能。

为发掘祖国兽医学遗产，各地出版社进行了中医和中兽医药文献的整理刊行，陆续影印、重刊或校注了《神农本草经》《新修本草》（残卷）和《本草纲目》等。1956年，刘寿山著《兽医常用中药》；1957年，郑藻杰著《兽医国药及处方》；1959年农林部组织专门人才编写了《中兽医诊断学》《中兽医针灸学》《兽医中药学》和《中兽医治疗学》等教材。其中，《兽医中药学》收载中药材328种，是中华人民共和国成立后第一本论述兽医中药的书籍，使兽医中药学正式独立于中医药物学。1978年，农林部组织专门人员编写了《兽药规范》（草案）（1979年11月刊行），共收载中药材531种，成方制剂114种，使兽用中药有了一定的规范。

1990年，农牧渔业部制定颁布了《中华人民共和国兽药典》简称《中国兽药典》，有一、二两部，其中，一部为化药，二部正文收载中兽药品种499个，其中，药材418个，成方制剂81个。1994年，农业农村部颁布《中华人民共和国兽药规范》（后简称《兽药规范》）作为《中国兽药典》的补充，该规范收载中药材175种，成方制剂52个。目前我国已经发布了四版《中国兽药典》，即1990年版、2000年版、2005年版和2010年版，每版二部均为中药。2000年版《中国兽药典》二部，收载中药材、中药成方制剂656个；2005年版《中国兽药典》二部，收载中药材、中药成方制剂685个；2010年版《中国兽药典》二部，收载中药材及饮片、提取物、成方和单味制剂共1114种。

中华人民共和国成立以来，我国在发掘、整理和提高中医药学方面做了大量工作。从中药研究方面看，在疗效观察、单味药的有效化学成分提取、药理机制等方面做了不少工作。1973年，出版的《全国中草药汇编》收载了2 202个品种，测定化学成分和做过药理实验的有610个品种，只测定化学成分而没有做药理实验的有492个品种，做过药理实验而没有测定化学成分的有68个品种。2013年，国家科技基础性工作专项“传统中兽医药资源抢救和整理”将为兽医中药的积累、应用做出新贡献。

第二节 兽医中药学的基础理论

畜禽疾病的发生发展是由于各种致病因素的综合作用，引起机体发生阴阳失调、邪正消长或脏腑功能失调等。中药治疗畜禽疾病就是利用药物的特性来消除病因、消除病邪，或恢复脏腑功能的协调，纠正阴阳的偏盛偏衰，使疾病得以痊愈。要正确运用药物的特性来治疗疾病，就要了解机体发生阴阳失调、邪正消长或脏腑功能失调的原因，就必须先明白阴阳五行等基本规律。

一、药物与阴阳学说

阴阳是古代哲学用以概括对立统一关系的一对范畴，是以阴和阳的属性及其相互关系来认识自然和探索自然规律的一种世界观和方法论。中兽医学用其阐明生命的起源和本质，动物机体的生理功能、病理变化和疾病的诊断、治疗及预防的基本规律。

（一）阴阳的概念

所谓阴阳，是对自然界相互关联的某些事物和现象对立双方的概括。它既可以代表两个相互对立的事物，又可以代表同一事物内部所存在的两个相互对立的方面；它是抽象的概念，借以说明万物的构成和变化。中兽医学的阴阳，一是代表两种对立的特定属性；二是代表两种对立的运动趋势和状态。凡是向上的、运动的、无形的、温热的、向外的、明亮的、亢进的、兴奋的、强壮的属阳；向下的、静止的、有形的、寒凉的、向内的、晦暗的、减退的、抑制的、虚弱的属阴。以药物而言，如发汗药的作用是向外发散，故为阳药；收涩药的作用是向内收敛，故为阴药。中药的性能是指药物具有四气、五味、升降沉浮的特性。四气属阳，五味属阴。四气之中温、热属阳，治寒证；寒、凉属阴，治热证。五味中酸、苦、咸者属阴；辛、甘、淡者属阳。至于升降沉浮的特性，药物质轻、具有升浮作用的属阳；药物质重、具有沉降作用的属阴。

（二）阴阳的相互关系

包括阴阳对立、阴阳互根、阴阳消长、阴阳转化和交感相错等方面。

1. 阴阳对立

阴阳对立，指自然界一切事物或现象，包括它们的内部都同时存在着阴阳两种性质截然相反的属性，这种对立状态是以阴阳相互制约和相互斗争而存在的。夏季本以阳热盛，但夏至以后阴气却随之而生，用以制约炎热的阳气；而冬季本以阴寒盛，但冬至以后阳气却随之而生，用以制约严寒的阴。春夏之所以温热是因为春夏阳气上升抑制了秋冬的寒凉之气，秋冬之所以寒冷是因为秋冬阴气上升抑制了春夏的温热之气的缘故。这是自然界阴与阳相互制约和相互斗争的结果，取得了动态平衡。

2. 阴阳互根

阴阳互根，指事物或现象内部对立的阴阳两种不同属性，各以对方为自己存在的前提，相互为用，相互依存。阴或阳都以相对立的另一方作为存在的前提。如以寒与热为例，寒者为阴，热者为阳，若无寒存在，就无从比较出热来；以事物所处的位置来分，居上者为阳，在下者为阴，无上即无下；阴无阳不生，阳无阴不成。若正常的阴阳关系遭到破坏，就会导致疾病的发生，乃至危及生命；若达到阴阳相离，阴阳矛盾消失，生命也就即将结束。

3. 阴阳消长

阴阳消长，指阴阳双方在相互对立、相互依存、相互自生的过程中，不是处于静止不变的状态，而是处于“阴消阳长”或“阳消阴长”这种此消彼长的动态变化中。如动物机体功能活动（阳）的产生，必然要消耗一些营养物质（阴），即“阳长阴消”；而各种营养物（阴）的化生，又必须消耗一定的能量（阳），即“阴长阳消”。若这种消长超过了一定的限度，相对平衡被打破，阴阳消长失调，就会出现阴阳偏盛或阴阳偏衰的病证。

4. 阴阳转化

阴阳转化，指阴阳双方在一定条件下可向其属性相反的方面转化。如果“阴阳消长”是一个量变的过程，那么“阴阳转化”便是一个质变过程。阴阳转化是事物运动变化的基本规律。在动物疾病的发展过程中，阴阳的转化常常表现为在一定条件下表证与里证、寒证与热证、虚证与实证、阴证与阳证的互相转化等。如热证（阳）由于机体抗病能力低转化为寒证（阴），同样寒证（阴）可转化为热证（阳）；里寒证若过用温燥的药物以致伤阴劫液就会转为内热证；又如里证转表证，表证转里证等，均属于阴阳转化而引起的病理变化。

5. 交感相错

交感相错，指阴阳双方在一定条件下交合感应、互相交融。阴阳交感相错是万物化生的根本条件，在自然界，天之阳气下降，地之阴气上升，二气交感，形成云雾、雷电、雨露，生命得以衍生，万物得以生长。在生物界，雌雄交合而产生新的个体。

（三）阴阳学说在兽医中药学中的应用

阴阳学说贯穿于中兽医学理论体系的各个方面，用以说明动物体的组织结构、生理功能和病理变化，并指导临床诊断和治疗。

1. 生理方面

（1）说明动物体的组织结构。动物体是一个对立而又统一的有机整体，其组织结构可以用阴阳两个方面来加以概括说明。就大体部位来说，体表为阳，体内为阴；上部为阳，下部为阴；背部为阳，胸腹为阴。就四肢的内外侧而论，则外侧为阳，内侧为阴。就脏腑而言，则脏为阴，腑为阳，而具体到每一脏腑，又有阴阳之分，如心阳、心阴，肾阳、肾阴，胃阳、胃阴等。总之，动物体的每一组织结构，均可以根据其所在的上下、内外、表里、前后等各相对部位以及相对的功能活动特点来概括阴阳，并进而说明它们之间的对立统一关系。

（2）说明动物体的生理。一般认为，物质为阴，功能为阳，正常的生命活动是阴阳这两个方面保持对立统一的结果。如《素问·生气通天论》说："阴者，藏精而起亟（亟，可作气解）也；阳者，卫外而为固也。"就是说，"阴"代表着物质或物质的贮藏，是阳气的源泉；"阳"代表着机能活动，起着卫外而固守阴精的作用；没有阴精就无以产生阳气，而通过阳气的作用又不断化生阴精，二者同样存在着相互对立、互根互用及消长转化的关系。在正常情况下，阴阳保持着相对平衡，以维持动物体的生理活动，正如《素问·生气通天论》所说："阴平阳秘，精神乃治。"否则，阴阳不能相互为用而分离，精气就会竭绝，生命活动也将停止就像《素问·生气通天论》中所说的"阴阳离决，精气乃绝"。

2. 病理方面

（1）说明疾病的病理变化

中兽医学认为，疾病是动物体内的阴阳两方面失去相对平衡，出现偏盛偏衰的结果。疾病的发生与发展，关系到正气和邪气两个方面。正气，是指机体的机能活动和对病邪的抵抗能力，以及对外界环境的适应能力等；邪气，泛指各种致病因素。正气包括阴精和阳气两个部分，邪气也有阴邪和阳邪之分。疾病的过程，多为邪正斗争引起机体阴阳偏盛偏衰的过程。

在阴阳偏盛方面，认为阴邪致病，可使阴偏盛而阳伤，出现“阴胜则寒”的病证。如寒湿阴邪侵入机体，致使“阴胜其阳”，从而发生“冷伤之证”，动物表现为口色青黄，脉象沉迟，鼻寒耳冷，身颤肠鸣，不时起卧。相反，阳邪致病，可使阳偏盛而阴伤，出现“阳胜则热”的病证。如热燥阳邪侵犯机体，致使“阳胜其阴”，从而出现“热伤之证”，动物表现为高热，唇舌鲜红，脉象洪数，耳头低，行走如痴等症状。正如《素问·阴阳应象大论》中所说：“阴胜则阳病，阳胜则阴病，阳胜则热，阴胜则寒。”《元亨疗马集》中也有“夫热者，阳胜其阴也”“夫寒者，阴胜其阳也”的说法。

在阴阳偏衰方面，认为一旦机体阳气不足，不能制阴，相对地会出现阴有余，发生阳虚阴盛的虚寒证；相反，如果阴液亏虚，不能制阳，相对地会出现阳有余，发生阴虚阳亢的虚热证。正如《素问·调经论》所说：“阳虚则外寒，阴虚则内热”。由于阴阳双方互根互用，任何一方虚损到一定程度，均可导致对方的不足，即所谓“阳损及阴，阴损及阳”，最终可导致“阴阳俱虚”。如某些慢性消耗性疾病，在其发展过程中，会因阳气虚弱致使阴精化生不足，或因阴精不足致使阳气化生无源，最后导致阴阳两虚。

阴阳的偏盛或偏衰，均可引起寒证或热证，但二者有着本质的不同。阴阳偏盛所形成的病证是实证，如阳邪偏盛导致实热证，阴邪偏盛导致实寒证等；而阴阳偏衰所形成的病证则是虚证，如阴虚则出现虚热证，阳虚则出现虚寒证等。故《素问·通评虚实论》说：“邪气盛则实，精气夺则虚”。

（2）说明疾病的发展

在病证的发展过程中，由于病性和条件的不同，可以出现阴阳的相互转化。

如“寒极则热，热极则寒”，即是指阴证和阳证的相互转化。临床上可以见到由表入里、由实转虚、由热化寒和由寒化热等变化。如患败血症的动物，开始表现为体温升高，口舌红，脉象洪数等热象，当严重者发生“暴脱”时，则转而表现为四肢厥冷，口舌淡白，脉沉细等寒象。

（3）判断疾病的转归

认为若疾病经过“调其阴阳”，恢复“阴平阳秘”的状态，则以痊愈而告终；若继续恶化，终致“阴阳离决”，则以死亡为结局。

3. 诊断方面

既然阴阳失调是疾病发生、发展的根本原因，因此，任何疾病无论其临床症状如何错综复杂，只要在收集症状和进行辨证时以阴阳为纲加以概括，就可以执简驭繁，抓住疾病的本质。

（1）分析症状的阴阳属性

一般来说，凡口色红、黄、赤、紫者为阳，口色白、青、黑者为阴；凡脉象浮、洪、数、滑者为阳，沉、细、迟、涩者为阴；凡声音高亢、洪亮者为阳，低微、无力者为阴；身热属阳，身寒属阴；口干而渴者属阳，口润不渴者属阴；躁动不安者属阳，倦卧静默者属阴。

（2）辨别证候的阴阳属性

一切病证，不外“阴证”和“阳证”两种。八纲辨证就是分别从病性（寒热）、病位（表里）和正邪消长（虚实）几方面来分辨阴阳，并以阴阳作为总纲统领各证（表证、热证、实证属阳证、里证、寒证、虚证属阴证）。临床辨证，首先要分清阴阳，才能抓住疾病的本质。故《素问·阴阳应象大论》说：“善诊者，察色按脉，先别阴阳”。又如《元亨疗马集》说：“凡察兽病，先以色脉为主……然后定夺其阴阳之病。”《景岳全书·传忠录》也说：“凡诊病施治，必须先审阴阳，乃为医道之纲领，阴阳无谬，治焉有差？医道虽繁，而可以一言蔽之者，曰阴阳而已。故证有阴阳，脉有阴阳，药有阴阳……设能明彻阴阳，则医道虽玄，思过半矣。”

4. 治疗方面

（1）确定治疗原则

由于阴阳偏盛偏衰是疾病发生的根本原因，因此，泻其有余，补其不足，调整阴阳，使其重新恢复协调平衡就成为诊疗疾病的基本原则。正如《素问·至真要大论》中说："谨察阴阳所在而调之，以平为期。"对于阴阳偏盛者，应泻其有余，或用寒凉药以清阳热，或用温热药以祛阴寒，此即"热者寒之，寒者热之"的治疗原则；对于阴阳偏衰者，应补其不足，阴虚有热则滋阴以清热，阳虚有寒则益阳以祛寒，此即"壮水之主以制阳光，益火之源以消阴翳"的治疗原则，但也要注意"阳中求阴""阴中求阳"，以使阴精、阳气生化之源不竭。

（2）用阴阳来概括药物的性味与功能，指导临床用药

一般来说，温热性的药物属阳，寒凉性的药物属阴；辛、甘、淡味的药物属阳，酸、咸、苦味的药物属阴；具有升浮、发散作用的药物属阳，而具沉降、涌泄作用的药物属阴。根据药物的阴阳属性，就可以灵活地运用药物调整机体的阴阳，以期补偏救弊。如热盛用寒凉药以清热，寒盛用温热药以祛寒，便是《内经》中所指出的"寒者热之，热者寒之"用药原则的具体运用。

二、药物与五行学说

五行学说是以木、火、土、金、水五种物质的特性及其生、克规律来认识和探求宇宙规律的一种世界观和方法论。早在春秋战国时期就被引用到医学中，用以说明动物体的生理功能、病理变化，并指导临床实践。

（一）五行的概念

五行指木、火、土、金、水五种物质及其运动和变化。古人以五行对一切事物进行分类归纳，并以五行之间的相互关系阐释事物之间的联系。

1. 五行的特性

《尚书·洪范》中将五行的特性概括为："水曰润下、火曰炎上、木曰曲直、金曰从革、土爰稼穑。"意指水有滋润下行的特点，凡具有滋润、下行、寒凉、闭藏等性质的事物属水；火有温热、蒸腾向上的特点，凡有温热、向上等性质的

事物属火；树木有生长、柔和、能曲能直的特点，凡有生长、升发、条达、舒畅等性质的事物属木；金可以顺从人意、变革形状、铸造成器、用于杀伐，凡有沉降、肃杀、收敛等性质的事物属金；土地能生长庄稼等万物，凡有生化、承载、受纳等性质的事物属土。

2. 五行的归类

五行学说是将自然界的事物和现象，以及动物体脏腑组织器官的生理、病理现象，进行广泛联系，按五行的特性以"取类比象"或"推演络绎"的方法，将事物分别归属于五行之中。

（二）五行的相互关系

正常关系包括相生和相克，异常关系包括相乘、相侮和母子相犯。

1. 相生

相生指五行之间存在着有序的资生、助长和促进的关系，次序如下。

$$\text{木}\xrightarrow{\text{生}}\text{火}\xrightarrow{\text{生}}\text{土}\xrightarrow{\text{生}}\text{金}\xrightarrow{\text{生}}\text{水}\xrightarrow{\text{生}}\text{木}$$

在相生关系中，任何一行都有"生我"及"我生"两方面的关系。"生我"者为母，"我生"者为子。如水生木、木生火，水为木之母，火为木之子。相生关系也称"母子"关系。

2. 相克

相克指五行之间存在着有序的克制和制约关系，次序如下。

$$\text{木}\xrightarrow{\text{克}}\text{土}\xrightarrow{\text{克}}\text{水}\xrightarrow{\text{克}}\text{火}\xrightarrow{\text{克}}\text{金}\xrightarrow{\text{克}}\text{木}$$

在相克关系中，任何一行都有"克我"及"我克"两方面的关系。"克我"者为我"所不胜"，"我克者"为我所胜。如土克水，水为土之"所胜"；木克土，则木为土之"所不胜"。相克关系也称为"所胜、所不胜"关系。

相生、相克是五行之间的正常关系。没有生，就没有事物的发生和成长；没有克，就不能维持事物正常关系的协调。这种生中有克、克中有生及相互生化制约的关系称为生克制化，维持着事物生化不息的动态平衡状态。

3. 相乘

相乘指五行中某一行对其所胜一行的过度克制，即相克太过。顺序与相克的顺序相同。引起五行相乘的原因有“太过”和“不及”两个方面。“太过”是指五行中的某一行过于亢盛，对其所胜一行加倍克制；“不及”是指某一行过于虚弱，难以抵御所不胜一行的正常克制。例如，木克土、土克水，如土气过于虚弱出现“木乘土”，土气过于亢盛会出现“土乘水”。

4. 相侮

相侮指五行中某一行对其所不胜一行的反向克制，即反克。顺序与相克的顺序相反。引起相侮的原因也有“太过”和“不及”两个方面。“太过”是指五行中的某一行过于亢盛，反克其所不胜的一行。“不及”是指五行中的某一行过于虚弱，受到其所胜一行的反克。例如，金克木、木克土，木气过于亢盛则出现“木侮金”，木气过于虚弱则出现“土侮木”。

5. 母子相犯

母子相犯是五行之间相生关系的异常变化，包括母病及子和子病犯母两种类型。母病及子，指五行中母行异常影响到子行，顺序与相生的顺序相同。例如，水生木、木生火，若水不足会导致木不足；木太过会导致火太过。子病犯母，指五行中子行异常影响到母行，顺序与相生的顺序相反。例如，木生火、火生土，火太旺导致木太过，土不足导致火不足。

（三）五行学说在中兽医药学中的应用

五行学说主要以五行的特性来说明脏腑、组织器官和药味的属性，以五行的生克制化关系来分析脏腑、组织器官的生理功能及其相互关系，以相乘、相侮、母子相犯关系和来阐释脏腑病变的相互影响，并指导临床的辨证论治。

1. 生理方面

（1）按五行特性分别脏腑器官的属性。例如，木有升发、舒畅条达的特性，肝喜条达而恶抑郁，主管全身气机的舒畅条达，故肝属“木”；火有温热炎上的特性，心阳有温煦之功，故心属“火”。

（2）以生克制化说明脏腑之间的关系。例如，肝能制约脾（木克土），脾能资生肺（土生金），心火可以助脾土的运化（火生土），肾水可以抑制心火的有余

（水克火），机体就是通过这种生克制化以维持相对的平衡协调，保持正常的机能活动。

2. 病理方面

疾病的发生及传变规律，可用五行学说加以说明。根据五行学说，疾病的发生是五行生克制化关系失调的结果，五脏之间在病理上存在着生与克的传变关系。按相生顺序传变包括母病及子和子病犯母两种类型，按相克顺序传变关系包括相乘和相侮为病两条途径。如肝病传心（母病及子），脾病传心（子病犯母），肝病传于脾（木乘土），肝病传肺（木侮金）。

3. 诊断方面

动物体的五脏、六腑与五官、五体、五色、五液、五脉之间是存在着属性联系，脏腑功能的异常变化可反映于体表的相应组织器官，表现出色泽、声音、形态、脉象诸方面的变化，据此可以对疾病进行诊断。

4. 治疗方面

（1）调整脏腑之间生克制化关系。疾病的发生主要由于脏腑某行出现“太过”或“不及”引起的，治疗应抑其过亢，扶其过衰，“虚则补其母，实则泻其子”。后世医家总结出很多治疗方法，如“扶土抑木”（疏肝健脾相结合）、“培土生金”（健脾补气以益肺气）、“滋水涵木”（滋肾阴以养肝阴）等。

（2）概括药味和指导用药。根据五行属性，按药味将中药分为酸、苦、甘、辛、咸五类，可根据五味与脏腑的五行归类选用药物。如辛味药有发散作用，可治肺经病证；甘味药有补中作用，可治脾胃虚弱；苦味药有沉降作用，可治心火亢盛。

5. 预防方面

某一脏腑的病变，往往牵涉到其他脏器，通过调整有关脏腑，可以控制疾病的传变，达到预防的目的。如“见肝之病，则知肝当传之于脾，故先实其脾气”，是根据肝气旺盛、肝木易乘脾土提出，用健脾方法防止肝病向脾传变。

三、药物与四诊八证

四诊就是望诊、闻诊、问诊和切诊，八证就是寒证、热证、虚证、实证、表证、里证、邪证和正证。所谓“证”就是以四诊的方法而获得的对病畜全身证候群的认识，所以“诊”与“证”有着密切的关系。

（一）四　诊

中兽医药学把畜禽看作是一个完整而统一的整体，在诊断上特别重视全面地检查病畜。例如，《元亨疗马集·脉色论》有：“察病而有巧者，望、闻、问，切也。凡察兽病，先以色脉为主，再命其行步，听其喘息，观其肥瘦，察其虚实，穷饮喂之多寡，究谷料之有无，然后定夺其阴阳之病。”这就高度概括和归纳了中兽医诊断畜禽疾病的特点，不但要考查脉色，而且要注意观察其行步、喘息、肥瘦、虚实、饮喂和草料等各方面的情况，以便辨证施治和用药。所以，“四诊”是辨证施治和辨证用药的基础，通过四诊的综合，可以推断疾病的本质，以确定适当的治疗方法。

（二）八　证

根据八证的性质和互相演变的情况，可以归纳为阴、阳两纲。即病之寒者为阴、热者为阳，体力虚者为阴、实者为阳，病在里者为阴、表者为阳。从而，证也随之分为寒、热、虚、实、表、里、邪、正等八证。

1. 寒证

寒证是阴盛阳衰的表现，《元亨疗马集·论寒证》中所述的主要症状是凫脉沉迟、按之无力、耳鼻俱冷、口色青黄、前蹄刨地、回头顾腹、浑身发颤、腹内如雷、不时起卧等，这时应该采用砂仁、小茴香、吴茱萸等辛温类的药物，以葱酒灌之。但寒证若是属于阴盛时，应以干姜、肉桂、附子等辛甘温热的祛寒药为主；若是属于阳虚时，应使用杜仲、肉苁蓉、补骨脂、益智仁等辛甘咸温的助阳药。

2. 热证

热证是阳盛阴衰的表现，主要症状是精神不振、头低耳查、脉行洪数、唇舌鲜红、四肢倦怠、卧多立少、行走如痴、忽然起卧等，这时应该用黄连、黄芩、栀子等清热苦味药灌之。若属于阳盛时应以石膏，知母、金银花、连翘等苦寒的清热药为主；若是属于阴虚时，则应使用百合、石斛、玉竹等甘苦咸寒的养阴药。

3. 虚证

虚证就是劳伤之证，或是久病、大病、大泻、大汗及大出血后的虚弱证。其主要症状是精神短少、耳查头低、把前把后、抽搐难行、毛焦职吊、鼻流脓涕、咳嗽连声、四肢水肿、脉行迟细、口色无光等，这时，宜用补养类的药物来进行治疗。如属于气血虚弱而有寒者，则应采用当归、黄芪、党参、白术等甘温的补气补血药。

4. 实证

实证就是结实之证，大多脉行有力、舌色红绛，但以其结实的部位不同，其症状表现也不一样。如结在胃肠，则呈现呼吸促迫、不时回头顾腹、痛苦不安、时时呻吟、前肢刨地、后肢踢腹、左右滚转，或呈仰卧姿势，抱胸咬臆等症状。这时的治疗方法应以除去表象为主，即根据不同的病因而分别治疗，如先攻其里或先治其外，但一般都采用泻法，所谓实则泻之。

5. 表证

表证就是一身之外或六腑之证，其主要症状是在头即重、在眼即昏、在鼻即塞、在耳即聋、在喉即闭、在筋即挛、在骨即痛、在肤即生疮疥、在脾胃即脱蓝。但一般呈现口色鲜红或赤紫、脉浮、不食水草、口内流涎、鼻流涕、有汗无汗等症状。此时，如属于因感受风寒外邪而引起的表证，应采用麻黄、桂枝、荆芥、防风等辛温解表药；如属于因感受风热所引起的表证，就应采用薄荷、菊花、柴胡、葛根等辛凉解表药。

6. 里证

里证就是一身之内或五脏之证，其症状是精神恍惚、皂脉洪数、毛焦眼赤、鼻辗喘粗、卧多立少、水草少进、粪便燥结、小便不利、耳和四肢厥冷等，这时应该按病因不同而分别治疗。对于急病先治其标，对于缓病则治其本，或先攻其里，或先治其外，或攻补兼施。

7. 邪证

邪是不正常，有所偏、太过或不及的意思，是家畜真元散乱，邪疫相侵之证。其主要症状是脉行洪数或迟细、精神恍惚、东西乱撞、眼急惊狂、出汗、头颈歪斜、浑身肉颤、呼吸促迫、站立痴呆等。这时如属于热邪则休令发汗，应采用和血顺气药或朱砂、磁石、龙骨等安神镇惊药；如属于湿邪，可以采用羌活、藿香、石菖蒲等发表药来进行治疗。

8. 正证

正证是邪证的相对表现，也就是生理的健康状态。有时也可以理解为欲使动物体内部功能求得平衡，必须有合理的饲养管理和防疫措施。

由此可见，四诊和八证与药物的关系十分密切。尤其是在辨证和用药时，要把四季寒暑变异对疾病的影响，以及内在的矛盾变化互相结合起来进行综合分析和归纳。我们只有得出“证”的类型结论之后，才能正确地应用药物来进行治疗。这也说明了中兽医药是一个完整的理论体系，不能任意分割，从而凸显出高度的整体观。

四、药性理论

药性，是指药物与疗效有关的性质和性能。它包括药物治疗效能的物质基础和治疗过程中所体现的作用。药性理论，则是研究药物的性质、性能及其应用规律的理论，也就是中药的药理。

一切疾病的发生、发展和变化过程，都与畜体正气的盛衰和邪气侵入的强弱，导致脏腑功能失衡后反映出来的偏盛或偏衰的状态关联，而药物治病的基本作用也就在于恢复脏腑功能的协调，纠正偏盛、偏衰的病理现象，所以，各种药物都具有不同的偏性。我们要确切地运用药物的偏性以防治家畜疾病，就必须掌握药性理论。

中药的药性理论，是在长期的医疗实践中，以阴阳五行、脏腑经络等学说为指导，对为数众多药物的各种治疗作用反复验证，加以概括和总结出来的。主要内容包括性味、升降浮沉、归经、有无毒性等。

（一）性　味

《神农本草经》序例载：“药有酸、咸、甘、苦、辛五味，又有寒、热、温、凉四气。”即指出药有四气五味之不同，这就是药物的性味，是药性理论最基本的内容之一。

1. 四气

四气就是寒、热、温、凉四种不同的药性。它是古人从药物作用于机体所发生的反应和对疾病所产生的治疗效果而作的概括性归纳。例如，能够治疗热证的药物，便认为是寒性或凉性，能够治疗寒证的药物，便认为是热性或温性。因此，温热性药物具有温里散寒作用；寒凉性药物具有清热泻火作用。

药物的寒、热、温、凉四气，可归属于阴阳两方面，即寒凉为阴，温热为阳。温与热，寒与凉，仅是程度上的差别。对于某些药物通常还标以大寒、大热、微寒、微温等词以示进一步的区分。此外，还有平性药物，性质比较平和，但实际还是有偏温、偏凉的不同，故仍称四气。

2. 五味

五味就是辛、甘、酸、苦、咸五种不同的药味。药味的确立，最初是由口尝感觉而得，并在长期医疗实践中发现不同味道的药物，对疾病产生不同的治疗作用，而加以总结和归纳的。在发现一定规律之后，又反过来根据药物的作用而确定其味。例如，有发表作用的药物，认为有辛味；有补养功能的药物，认为有甘味等等。此后又出现了本草药书中所载药物的味与口尝味道不甚符合的情况。因此，味的概念，已发展成为表示药物性能的标志之一，并不仅仅表示药物的真实滋味了。

关于五味的不同作用，《内经·至真要大论篇七十四》归纳为“辛散、酸收、甘缓、苦坚、咸软”。后人在这基础上又做了补充。一般说来，具有辛味的药物能散、能行，如生姜散寒，木香行气，红花活血；酸味的药物能收、能涩，如五味子收敛止汗，石榴皮涩肠止泻；甘味的药物能补、能和、能缓，如黄芪补气，熟地补血，甘草和中缓急；苦味的药物能泄、能燥、能坚，如大黄泄闭，黄连泄热，苍术燥湿，黄柏坚阴：咸味的药物能下、能软，如芒硝泻下，牡蛎软坚散结。另外，还有一些药物，味不明显，称为淡味，一般认为“淡附于甘”，所以不单列入，仍称五味。淡味的药物能渗、能利，如茯苓渗湿利水。

药物的五味，同样可以归属于阴阳两方面。辛、甘、淡味，具有发散、渗利作用，属阳；酸、苦、咸味，具有涌吐、泄降作用，属阴。正如《内经·全真要大论》所说：“辛甘发散为阳，酸苦涌泻为阴，淡味渗泄为阳。”

由于每一种药物都具有气和味，所以气与味有着密切的联系。药物的气味相同，则常具有类似的作用。气味不同，则作用亦异。如有气同味不同，同属温性药，有苦温、甘温、辛温等的不同，则作用有差异；味同气不同，同属苦味药，有苦温、苦寒、苦凉等的不同，其作用亦不一样；还有气味均不同的情况，辛凉、咸寒、酸温等，药物的作用就更不同了。还有一药有数味者，其作用范围也就相应扩大。由上可见，性味所表示的药物作用比较复杂。因此，必须熟悉四气五味的一般规律，又应掌握每一药物气味的特殊治疗功能，才能全面而准确地分辨和运用中药。

（二）升降浮沉

升、降、浮、沉是指药物的作用趋向。升是上升，降是下降，浮是上行发散，沉是下行泄利。升与浮、沉与降的趋向相类似，通常“升浮”“沉降”合称。升浮药主上行而向外，具有升阳、发表、散寒、催吐等作用。沉降药主下行而向内，具有潜阳、降逆、清热、渗湿、泻下等作用。升浮药属阳，沉降药属阴。也有药物具有双向作用，如麻黄，既能发汗，又可平喘、利水；川芎既“上行头目”，又“下行血海”；陈皮配升药则升，配泻药则泻等例外情况。

升、降、浮、沉与药物的性味、质地、炮制方法，以及配伍等都有密切关系。就性味而言，性温热，味辛甘的药物多主升浮，药性寒凉，味酸苦咸的药物多主沉降。李时珍认为，酸咸无升，辛甘无降，寒无浮，热无沉，这是对气味与升降浮沉关系的概括性的归结。就质地而言，花、叶及质轻的药物，大多升浮；种子、果实及质重的药物，大多沉降。但也有“诸花皆升，旋覆独降”和“诸子皆降，牛蒡独升”的例外。炮制方法不同，对药物作用趋向有一定影响，一般是酒炒则升，姜汁炒则散，醋炒则收敛，盐水炒则下行。在复方中，由于配伍不同，一种药物的作用趋向还可以受到其他药物的影响而转变。如有“升者引之以咸寒，则沉而直达下焦，沉者引之以酒，则浮而上至巅顶”；“桔梗为舟楫之剂，能载药上浮”；“牛膝能引诸药下行”；等等。可见药性的升、降、浮、沉不是一成不变的，用药时应加以注意。

（三）归　经

归经，是指药物对脏腑经络的选择性作用而言。一种药物往往对某一脏腑经络或某几个脏腑经络的病变发生作用，而对其他脏腑经络的病变不起作用或作用轻微，那么，发生明显作用的脏腑经络就是这种药物的归经。如杏仁、苏子，主要功效是止咳平喘，因而入肺经，用于治疗咳嗽、气喘等肺经病；党参、白术，主要作用是健脾益气，因此入脾经，用以治疗食少、粪稀、体瘦、乏力等脾经病；朱砂、茯神，主要功能是镇心安神，因之入心经，多用来治疗心悸躁动等心经病等。这说明药物的归经，具体指出了药效所在，是从长期临床实践中总结出来的规律。

每种中药都有一定的归经，它有助于临床上选择适宜的药物。有的药物归一经，有的药物归数经。归数经者，说明它对几个脏腑经络病变都有治疗作用，例如，石膏归肺和胃经，它既能清肺热，又可除胃火：杏仁归肺与大肠经，它既能止咳平喘，又能润肠通便。

当某一脏腑经络发生病变时，往往选择能入该经的药物进行治疗。但是家畜是个统一的有机体，脏腑经络之间的病变可以相互影响，因此，有时亦可选择入它经的药物，而达到治疗患病脏腑的方法，也是常用的。如肺经的虚证，可选用入脾经的药物治疗，以达到补肺的目的（培土生金）；双目赤肿疼痛的肝经实火证，可选用入心经的药物（如黄连）治疗，以达到泻肝火的目的（实则泻其子）等。

药物归经的理论，只是从一个方面说明了中药的药性。实际应用时，必须把归经与性味、作用趋向等结合起来考虑。因为同一归经的药物，虽然同作用于一个脏腑经络，但有温、清、补、泻和升、降、浮、沉的不同，应用中就不能不加以区别。如同是归肺经的药物，黄芩清肺热，干姜温肺寒，百合补肺虚，葶苈子泻肺实。归其他经的药物也都有这种情况。所以，在临床选择药物时，应在药性理论的各个方面全面综合考虑。

（四）毒　性

古人往往把药物的偏性看作是“毒”，而将“毒药”一词作为一切药物的总称。如《周礼》说：“医师掌医之政令，聚毒药以供医事”。张景岳说：“药以治病，因毒为能。所谓毒者，因气味之有偏也。……大凡可避邪安正者，均可称为毒药，故曰毒药攻邪也。”这里所说的毒药，泛指一切药物。

历代本草中所言之毒性，多在性味条后标明，是指药物对畜体可能产生的毒害作用。凡有毒的药物，大都性质强烈，或者有毒副作用，用之不当，可以导致中毒。无毒的药物，性质比较平和，多不良反应，不会引起中毒，可以久用。在本草书籍中对药物毒性的记载，往往分“小毒”“有毒”和“大毒”等毒性程度不同的描述，便于临床应用中掌握用量，用药次数的多少，或利用炮制、配伍等方法去减低或消除其毒性。

第二章　中药的产地、采集和贮藏

兽医中草药物大多来源于天然野生植物，其生长环境的地球物化因素往往决定了它的有效成分，这种有效药用成分对畜禽疾病的治疗尤为重要。因此，了解每一味中药的产地、命名方法、采集与保存，不但有助于对药物性味功能的理解，而且对兽医中草药资源的持续利用也具有十分重要的意义。本章对重要的产地、采集和贮藏等内容展开介绍。

第一节　中药的产地

中药的原植物或原动物的出产地，称为产地。中药材的原产地，是指中药的天然产地或原始产地。中药的产地与质量密切相关，自然界的地形错综复杂，土质多种多样，气候千变万化，雨量大小不等，日照长短不一。加之，地球物化等众多因素导致生态环境也千差万别。不同的动植物在其繁衍进化的过程中，对不同的生态环境产生了特殊的适应性，这不但造成各种动植物品种分布有一定的地域性，而且造成不同地区所产的同种动植物药材，其质量、性能、功效及毒性作用都可能存在差异。因此，中药材的出产地不同，其内在成分的质和量都会存在差异，从而影响中药的临床效应。如南方所产的黄花蒿含有截疟作用的青蒿素要明显高于北方所产的；云南腾冲地区所产附子的毒性较四川所产附子大 18 倍；广西所产的地龙质量不及广东南海等县所产者。矿物药也不例外，不同地区的同一矿物药的成因可能不同，矿物药形成后经历的地质作用可能不同，以至原矿物成分及其嵌生矿物成分变化也不同，致使不同地区所产的同种矿物药质量存在差异。

随着人类崇尚绿色，回归自然，食品安全意识的增强，兽医中药材的需求和消耗量不断增加，大多数的道地药材已无法满足临床需要，一方面在扩大道地生产，一方面也进行植物药的异地引种和动物药的人工驯养。若将中草药的原植物自原产地移到其他地区繁育，该繁育地称为移植地，如番泻叶原产于印度和埃及，现移到我国及其他地区种植；川黄连原产于四川，现移植（引种）于其他地区。如将天然中草药变为家种，且称为人工培植或人工栽培；如将野生动物变为家养，则称为人工繁殖等。正是中药具有丰富的产地，也给药物的命名带来了许多同名异物或异名同物现象。

兽医中药的同名异物、异名同物现象普遍存在，常常导致中药品种使用混乱，影响了中药的临床效应。炒得沸沸扬扬的“马兜铃酸事件”就有品种混乱的原因。一味中药可能来源于一个品种，也可能来源于多个品种。划分“味”的依据不是植物、动物的形态特征，而是药物的临床性能和功效。虽有主张一物一名，但由于药物资源有限，供求矛盾难以解决等众多原因，使得这一愿望还难以真正实现。

药材品种是影响中药临床效应的重要因素。临床治病，如用到伪劣品种的药材，有的可能无效，有的则可能使病情加重，甚至危及生命。如大黄本是一味泻下药，但波叶组的多种大黄很少甚至不含泻下成分；又如丽江山慈姑含有毒的秋水仙碱，如将丽江山慈姑的鳞茎当土贝母甚至冒名贝母使用就不行。尽管历代大型综合本草的作者均将药材的基原考证作为主要内容，但由于种种局限而失误的仍然不少。《进本草纲目疏》有：“以兰花为兰草，卷丹为百合，此寇氏衍义之舛谬；谓黄精即钩吻，旋花即山姜，乃陶氏别录之差鹊；酸浆、苦耽，草菜重出，掌氏之不审；天花、栝楼，两处图形，苏氏之欠明。”即使是《本草纲目》也与历代本草书一样并非尽善尽美。

一味中药如只来源于一个品种，则不存在品种优劣问题。一味中药如来源于同一科的多个品种，则各品种之间有优劣差异。如麻黄来源于麻黄科植物木贼麻黄、草麻黄和中麻黄 3 个品种，3 种所含成分相似，但其生物碱含量以木贼麻黄最高，草麻黄次之，中麻黄较低。有的一味中药甚至来源于不同科的多个品种，其功效差异可能更大。如贯众一味，《全国中草药汇编》记载的就有分属于 6 个科的 30 多种。

一、道地药材

道地药材又称“地道药材”，是优质纯正药材的专用名词，它是指历史悠久、产地适宜、品种优良、产量宏丰、炮制考究、疗效突出、带有地域特点的药材。

天然药材的分布和生产，离不开一定的自然条件。在我国纵横万里的大地、江河湖泽、山陵丘壑、平原沃野以及辽阔海域，自然地理状况十分复杂，水土、气候、日照、生物分布等各地不完全相同，甚至差别很大。因而天然中药材的生产多有一定的地域性，且产地与其产量、质量有密切关系。古代医药家经过长期使用、观察和比较，知道即使是分布较广的药材，也由于自然条件的不同，各地所产其质量优劣也不一样，并逐渐形成了“道地药材”的概念。土壤、气候、阳光（光照）、水质等自然条件的差异，可影响药材的品质、有效成分及药效。自古以来强调道地药材，如怀庆的地黄、山药，四川的黄连、贝母、苦楝子，宁夏的枸杞子，甘肃的当归，青海的大黄，吉林的人参，广西的三七，河北安国的板蓝根，广州石牌的广藿香，广东阳春的砂仁等都是著名的道地药材。

二、人工驯化培植

道地药材是在长期的生产和用药实践中形成的，并不是一成不变的。如环境条件的变化使上党人参绝灭，人们遂贵东北人参；川芎在宋代始成为道地药材；三七原产广西，称为广三七、田七，云南产者后来居上，称为滇三七，成为三七的新道地产区。

长期的临床医疗实践证明，重视中药产地与质量的关系，强调道地药材的开发和应用，对于保证中药疗效，起着十分重要的作用。随着医疗事业的发展，中药材需求量日益增加，很多药材的生产周期较长，产量有限，因此，单靠强调道地药材产区扩大生产，已经无法满足药材的需求。在这种情况下，进行药材的引种栽培以及药用动物的驯养，便成为解决道地药材不足的重要途径。在现代技术条件下，我国现已能对不少名贵或短缺药材进行异地引种，以及药用动物的驯养，并不断取得成效。如原依靠进口的西洋参如今在国内引种成功；天麻原产贵州而今在陕西大面积引种；人工培育牛黄；人工养鹿取茸；人工养麝及活麝取香；人工虫草的培养等。当然，在药材的引种或驯养工作中，必须确保该品种原有的性能和疗效。

三、中药的命名

中药的名称常根据药物的产地、形态、颜色、气味、药用部分、效用、生长特性、最初使用人或沿用外来译名等而来，现分别简述如下。

（一）因产地而命名

中药以植物性药材占多数，由于生长或栽培的土质和各地区的气候的不同，往往会影响其疗效和功用。因此，有些药就根据产地而命名，如川贝母、川芎、川军（大黄）、川黄连、巴豆，蜀椒（花椒）等，都是因长在四川而得名；广陈皮、广木香、广郁金等，都是因生长在广东或从广东引进而得名。

（二）依形态而命名

根据原植物或生长的形态而命名的，如乌头的块根形态因类似乌鸦的头而得名，牛膝的茎节膨大部因类似牛的膝关节而得名。其他如钩藤、木鳖子、鹤虱、马兜铃、狗脊等，都是依其形态而命名的。

（三）因颜色而命名

根据原料生药的天然颜色而命名，如红花的花是红色的，黑牵牛的种子是黑色的，黄连的根茎是黄色的。其他如白芷、青蒿、青黛、青皮、赤芍、紫草、大黄、黄芩等的名称，都是因颜色而得名。

（四）因特殊气味而命名

根据某些中药的特殊香气和滋味而命名，如麝香、木香、沉香、乳香、藿香、丁香、小茴香等，都是因为它们有特殊的香气。至于苦参、细辛、酸枣仁、甘草也都是因其味道而得名的。

（五）因药用部分而命名

根据使用原植物或动物的入药部位而命名，如葛根、白茅根、桂枝、金银花、菊花、桑叶、枇杷叶、车前子、枳实、陈皮、地骨皮、木通、虎骨、犀角、蝉蜕、穿山甲、熊胆等。

（六）因效用而命名

根据临床上的经验而命名的，如淫羊藿有催情的作用，益母草有治疗母畜子宫疾病的效用，通草有通利小便的效用，防风有治疗或防御风邪的效用等。

（七）因生长特性而命名

根据某些植物性药物的生长特性而命名的，如款冬花的花至冬季始开花，忍冬藤在冬季仍然不枯萎，万年青的叶为四季常青，夏枯草于夏至季节后全草就枯萎等。

（八）因纪念某人而命名

以最先发现或最初使用人的名字作为药名，如使君子、何首乌、刘寄奴、杜仲等。

（九）沿用外来药物的译名

根据进口药物的译音或冠以番、胡等字样，如曼陀罗、诃黎勒（诃子）、番木鳖、胡椒、胡黄连等。

目前，中药的名称尚存在不统一的现象，往往同样一种药材，因各地使用习惯，以及采用药材的季节、产地的不同而有很多名称。亦有对科属不同的药材使用同一名称的，这就造成了采集、收购、使用、经验交流和整理研究的困难。

第二节　中药的采集

中药材所含化学成分是药物具有防病治病作用的物质基础，而中药的采集影响着中药化学成分的组成和含量。由此看来，中药的采集是确保药物质量的重要环节之一，因而也是影响药物性能和疗效的重要因素。正如《千金翼方》指出："药采取，不知时节，不依阴干暴干，虽有药名，终无药实。故不依时采取，与朽木不殊，虚费人工，卒无裨益。"影响中药材品质的采集因素主要有采收季节、时间和方法。掌握中药的采收标准和采收方法，对于提高药材品质有重要意义。

一、植物类药材的采集

不同的生长阶段，植物体各部分所含的化学成分有所不同，甚至有很大差别。首先，植物生长年限的长短与药物中所含化学成分的质和量有着密切关系。据研究资料报道，甘草中的甘草酸为其主要有效成分，生长 3~4 年者含量较之生长 1 年者几乎高出 1 倍；人参总皂苷的含量，以 6~7 年采收者最高。其次，植物在生长过程中随月份的变化，同一器官中有效成分的含量也各不相同。如丹参以有效成分含量最高的 7 月采收为宜；黄连中小檗碱含量大幅度升高的趋势可延续到第 6 年，而 1 年内又以 7 月份含量最高，因而黄连的最佳采收期是第 6 年的 7 月份。再者，时间的变更与中药化学成分含量亦有密切关系。如金银花一天之内以早晨 9 时采摘最好，否则，花蕾开放后会降低品质；曼陀罗中生物碱的含量，早晨叶子含量高，晚上根中含量高。

可见，植物各部分中化学成分的含量受生长年限、季节、采收时间的直接影响。因此，理论上来讲，植物药材的采集应在药材有效成分含量最高时采集。但目前对大多数植物药材中有效成分的变化规律尚未完全研究清楚，所以现在对于植物药材的采集，按前人长期的实践经验，其采收时节和方法通常以入药部位的生长特性为依据。

目前植物药材的采集，按药用部位大致可归纳为以下几种情况。

（一）全草类

多数在植物充分生长，枝叶繁茂的花前期或刚开花时采收。有的割取植物地上部分，如薄荷、荆芥、益母草、紫苏等；以带根全草入药的，则连根拔起全株，如车前草、蒲公英、紫花地丁等；茎叶同时入药的藤本植物，其采收原则与此相同，应在生长旺盛时割取，如夜交藤、忍冬藤等。

（二）叶　类

叶类药材采集通常在花蕾将放或正在盛开的时候进行。此时正当植物生长茂盛的阶段，性味完全、药力雄厚，最适宜采收，如大青叶、荷叶、艾叶、枇杷叶等。荷叶在荷花含苞欲放或盛开时采收者，色泽翠绿，品质最好。有些特定的品种，如霜桑叶，须在深秋或初冬经霜后采集。

（三）花　类

花的采收一般在花正开放时进行，由于花朵次第开放，所以要分次适时采集。若采收过迟，则花瓣脱落和变色，气味散失，影响品质，如菊花、旋覆花等；有些花要求在含苞欲放时采摘花蕾，如金银花、槐米、辛夷等；有的在刚开放时采摘最好，如月季花；而红花则宜于花冠由黄色变成红色时采收。至于蒲黄之类以花粉入药的，则须于花朵盛开时采收。

（四）果实和种子类

多数果实类药材，当于果实成熟后或将成熟时采收，如瓜蒌、枸杞子、马兜铃等；少数品种有特殊要求，应当采用未成熟的幼嫩果实，如乌梅、青皮、枳实等。以种子入药的，如果同一果序成熟期相近，可以割取整个果序，悬挂在干燥通风处，以待果实全部成熟，然后进行脱粒；若同一果序的果实次第成熟，则应分次摘取成熟果实。有些干果成熟后很快脱落，或果壳裂开，种子散失，如小茴香、白豆蔻、牵牛子等，最好在开始成熟时适时采取。容易变质的浆果，如枸杞子、女贞子，在略熟时于清晨或傍晚采收为好。

（五）根和根茎类

古人经验以阴历 2、8 月为佳，认为初春津润始萌，未充枝叶，势力醇，至秋枝叶干枯，津润归流于下，并指出“春宁宜早，秋宁宜晚”。这种认识是很有道理的。早春 2 月，新芽未萌；深秋时节，多数植物的地上部分停止生长，其营养物质多贮存于地下部分，有效成分含量高，此时采收品质好、产量高，如天麻、苍术、葛根、桔梗、大黄、玉竹等。天麻在冬季至翌年清明前茎苗未出时采收者称“冬麻”，体坚色亮，品质较佳；春季茎苗出土再采者称“春麻”，体轻色暗，品质较差。此外，也有少数例外，如半夏、延胡索等则以夏季采收为宜。

（六）树皮和根皮类

通常在清明和夏至间（即春、夏时节）剥取树皮。此时植物生长旺盛，不仅品质较佳，而且树木枝干内浆汁丰富，形成层细胞分裂迅速，树干易于剥离，如黄柏、厚朴、杜仲等。但肉桂多在10月份采收，因此时油多容易剥离。木本植物生长周期长，应尽量避免伐树取皮或环剥树皮等简单方法，以保护药源。至于根皮，则与根和根茎相类似，应于秋后苗枯，或早春萌发前采收，如牡丹皮、地骨皮、苦楝根皮等。

二、动物类药物的采集

动物类药材因品种不同，采收各异。其具体时间以保证药效及容易获得为原则。如桑螵蛸应在3月中旬采收，过时则虫卵已孵化；鹿茸应在清明后45~60 d截取，过时则角化；驴皮应在冬至后剥取，其皮厚质佳；小昆虫等，应于数量较多的活动期捕获，如斑蝥于夏秋季清晨露水未干时捕捉。

三、矿物类药物的采集

矿物类药物的采收一般不受时间限制，可随时采收，但应注意资源的保护。

第三节　中药的贮藏

中药在采集以后，除规定鲜用的以外，都应进行干燥处理，妥善保存，以保证药材质量。凡是对中药的有效成分含量产生影响的任何因素，都将影响中药的质量。因此，应了解中药变质的因素、处理方法和贮藏方法，以保证中药质量。

一、中药变质的主要因素

（一）霉　变

中药受潮很容易霉变，除中药本身所含水分外，室内通风不好，地面潮湿，或室温太高，都能使室内湿度增高，导致药物变坏。但是高温也能使药材过度干燥，影响原有的质量，并能使一些芳香药物如薄荷、桂皮等的挥发油加速散失。

（二）变　色

贮藏不当使药材的颜色改变。有的药材长时间日晒，就可使药物的颜色、质量变坏。药材变色与所含成分，烘干时温度过高，使用某些杀虫剂等有关。防止变色的方法主要为干燥、冷藏和避光。

（三）氧　化

空气中的氧气能直接引起某些中药成分被氧化而降低药效。

（四）虫　害

虫卵在适当的温度和湿度下，容易生长繁殖，使药物发生虫蛀现象。

由此可见，要很好地保存药物，确保药物质量和疗效，必须消除以上霉变等因素，加强贮藏管理。

二、中药的处理方法

（一）晒干法

利用日光干燥，方便经济，常用于初步干燥茎类、根茎以及种子类药物，如桔梗、桑枝、牛蒡子等。但必须注意的是：绿色植物的叶、色彩鲜艳的花和芳香性药物，不宜日光干燥。因经日光暴晒后，绿色植物变黄，鲜艳花瓣褪色，芳香药物丧失香气味，以致降低质量。

（二）阴干法

阴干法多在室内进行，利用室温通风干燥。凡绿叶植物、花瓣、芳香性药物多用此法。天气干燥或炎热时，利用自然室温；天气潮湿和寒冷时，可用人工加温、通风。

（三）人工加温干燥法

人工加温干燥法是在特定的加温干燥室或烘箱中进行。这种方法的优点是，温度可以任意控制，而且不受天气影响。多汁的浆果如枸杞，多汁的块根如黄精、玉竹、山药、泽泻等，应迅速干燥，温度 70~90℃。具有挥发性的芳香药、动物药以及脏器组织，如川芎、乌梢蛇、胎盘等须缓慢干燥，温度以控制在 25~30℃为宜。

（四）石灰干燥法

石灰干燥法就是把药材放入盛有生石灰的容器中，让其脱水干燥。虫类药和动物脏器等小宗药材，可用这种方法吸干。

三、中药的贮藏方法

中药的贮藏，主要应避免虫蛀、发霉、鼠耗、遗失和盗窃等损失，以保持药效和留备长时间的应用。古人在贮藏药材、保持药效方面积累了很好的经验，如《备急千金要方》说："凡药皆不欲数数晒曝，多见风日，气力即薄歇，宜熟知之。诸药未即用者，候天大晴时，于烈日中曝之，令大干，以新瓦器贮之，泥头密封，须用开取，即急封之，勿令中风湿之气，虽经年亦如新也。其丸，散以瓷器贮，密蜡封之，勿令泄气，则三十年不坏。诸杏仁及子等药，瓦器贮之，则鼠不能得之也。凡贮药法，皆须去地三四尺，则土湿之气不中也。"《本草蒙筌》也有类似记载："凡药藏贮，宜常提防，倘阴干、曝干、烘干未尽去湿，则蛀蚀霉垢朽烂，不免为殃……见雨久着火频烘，遇晴明向日旋曝。粗糙悬架上，细腻贮坛中。"古人创造的这些贮药方法都是可行的。

药材必须根据药材的特性分类保存。

（1）受潮易变质的药物应放在干燥室内，同时应有防潮设备。干燥是最基本的条件，因为没有水分，很多化学变化就不会发生，微生物也不易生长。

（2）贮藏的地方必须保持低温。低温不但可以防止药物成分的变化或失效，还可以防止孢子和虫卵的生长、繁殖。一般说来，温度低于 10℃时，孢子和虫卵就不能生长。

（3）注意避光。许多易受光线作用而引起变化的药物，必须贮藏在暗室内或装入瓷、瓦罐中，或有色的玻璃瓶中。

（4）防止氧化变质。如丹皮、大黄、黄精、磁石、薄荷等，都易氧化失效，可贮存于密闭器中。

（5）防止霉败、虫蛀、鼠耗。如含脂肪、蛋白质、淀粉、糖类较多的药物，宜置于坚固的容器内，放在低温干燥处。另外，也可以采用杀虫方法，如常用硫黄熏法。

某些有毒或名贵的药材，应专人保管，避免发生意外。对于不易识别或容易混淆的药物，应有一定的标记，便于识别和使用。少数特殊药材应特殊保藏。如白花蛇中放花椒，三七内放樟脑，地鳖虫、蜈蚣虫、地龙内放大蒜头，瓜蒌、当归内放酒等。《本草蒙筌》说："人参须和细辛，冰片必同灯草，麝香宜蛇皮裹，硼砂共绿豆收，生姜择老砂藏。"这些特殊贮药经验，具有简便、适用、成本低廉等优点。

总之，药物的保存，须各方面结合起来：房屋要完全干燥，通风良好，避免日光直射；用适当的容器贮藏；还要建立管理责任制。只有这样才能达到保持药物原效能和外观的要求，并减少损失，达到保证药材质量的目的。

第三章 中药的毒副作用与炮制

在中兽医理论研究与临床实践的过程中，中药的毒副作用与中药的炮制是需要重点关注的内容。本章从中药毒性的含义、不良反应的样式、发生不良反应的原因这三个方面出发来分析中药的毒副作用，并从炮制的目的、炮制的方法两个层面来介绍中药的炮制。

第一节 中药的毒副作用

在中兽医临床上，将中药针对疾病的治疗目的所起的作用，称为治疗作用；而与治疗作用无关且不利于患病畜禽的作用称为中药的不良反应，又可称为毒副作用。兽医中药的毒性在历代本草书籍中，常在每一味药物的性味之下，标明其“有毒”或“无毒”。“有毒无毒”也可简称为“毒性”，也是药物性能的重要标志之一，它是确保畜禽用药安全必须注意的问题。

一、中药毒性的含义

中药毒性的概念，古今含义不同。西汉以前是以“毒药”作为一切有毒药物的总称，故《周礼·天官·冢宰》有“医师掌医之政令，聚毒药以供医事”的说法。《尚书·说命篇》则有“药弗瞑眩，厥疾弗瘳。”明代张景岳《类经》则说：“药以治病，因毒为能，所谓毒者，因气味之偏也。盖气味之正者，谷食之属是也，所以养人之正气，气味之偏者，药饵之属是也，所以去人之邪气，其为故也，正以人之为病，病在阴阳偏胜耳……大凡可辟邪安正者，均可称为毒药，故曰毒药攻邪也。”张景岳的论述进一步解释了毒药的广义含义，并阐明了毒性作为药物性能之一，就是药物的偏性，以偏纠偏也是中药治病的基本原理之一。东汉时代，

《神农本草经》和《黄帝内经》已把毒性看作是药物毒性及不良反应大小的标志。如《神农本草经》就以药物毒性的大小、有毒无毒作为分类依据之一，并提出了使用毒药治病的方法。“若有毒药以疗病先起如黍粟，病去即止，不去倍之，不去十之，取去为度。”在《黄帝内经》中亦有大毒、常毒、小毒等论述。如《五常政大论篇》也有“大毒治病，十去其六；常毒治病，十去其七；小毒治病，十去其八；无毒治病，十去其九；谷肉果菜食养尽之，无使过之，伤其正也”之说。把药物毒性强弱分为大毒、常毒、小毒、无毒四类，既认为毒药是药物的总称，毒性是药物的偏性，又认为毒性是药物毒副作用大小的标志。

现代药物毒性的含义：一是指中毒剂量与治疗剂量比较接近，或某些治疗剂量已达到中毒剂量的范围，因此治疗用药时安全系数小；二是指毒性对机体组织器官损害剧烈程度，可产生严重或不可逆的损害后果。

对于兽医中药的毒性必须正确对待，有人错误地认为中药大都直接来源于自然药材，因而其毒性小，安全系数大，对中药毒性缺乏正确的认识。正确对待中药毒性，首先要正确对待本草文献的记载。历代本草对药物毒性多有记载，值得借鉴。但由于受历史条件的限制，也出现了不少缺漏和错误的地方，如《神农本草经》中把丹砂（朱砂）列为上品无毒;《本草纲目》认为马钱子无毒;《中国药学大辞典》认为黄丹、桃仁无毒等。在近几年发现马兜铃酸致肾功能损害之前，我国一直将马兜铃科的关木通也作为木通使用，并且没有注明其“有毒”。说明对待药物毒性的认识，随着临床经验的积累，有一个不断修正、逐步加深认识的过程。

正确对待中药毒性，还要重视中药中毒的临床报道。中华人民共和国成立以来，出现了大量中药中毒报道，仅单味药引起中毒就达上百种之多，其中，植物药 90 多种，如苍耳子、昆明山海棠、狼毒、萱草、附子、乌头、夹竹桃、雪上一枝蒿、福寿草、槟榔、巴豆、半夏、牵牛子、山豆根、艾叶、白附子、瓜蒂、马钱子、黄药子、杏仁、桃仁、曼陀罗（花、苗）等；动物药和矿物药各 10 多种，如蟾蜍、鱼胆、芫菁、蜂蛹以及砒霜、升药、胆矾、铅、密陀僧、皂矾、雄黄、降丹等。由此可见，文献中认为大毒、剧毒的固然有中毒致死的，小毒、微毒，甚至无毒的同样也有中毒病例发生，故临床应用有毒中草药固然要慎重，就是“无毒”的，也不可掉以轻心。认真总结经验，既要尊重文献记载，更要重视临床经验，相互借鉴，才能全面、深刻、准确地理解和掌握中药的毒性，以保证临床用药的安全有效。

二、不良反应的样式

所谓不良反应，是指在中兽医药理论指导下，预防、诊断、治疗畜禽疾病，改善畜禽机体的生理功能，给予正常剂量的合格中药或制剂时，在正常用法下，所出现的任何有害且非预期的反应。广义的中药不良反应就是中药的毒副作用，是与治疗作用相对而言的，包括用药不当，伪劣药所致的毒副反应、过敏、特异质、二重感染等。各种药物都有自己的特性和作用，中兽医药学把药物的特性当作药物的“偏性”，以药物的“偏性”来纠正疾病所表现出来的阴阳偏盛偏衰。“偏性”是药物治疗作用的依据，体现了治疗作用和毒性作用的一致性。所以，“是药三分毒”，任何药物都可以引起不良反应，只是程度和出现的概率不同。有不良反应的中药并不表明就是不合格的药品，也不应该与毒药、假药、劣药、不能使用等相提并论。根据中药不良反应发生的时间、出现程度以及病理机制和证候特点，临床上常把不良反应分为毒性反应、副敏危害、三致作用、其他效应等。

（一）毒性反应

中药的毒性，是指剂量过大或用药时间过长所引起的畜禽机体生理、生化功能和结构的病理变化，是指药物对畜禽机体的损害性。毒性反应与不良反应不同，它对畜禽机体的危害性较大，甚至可危及畜禽生命。《素问·脏气法时论》说：“毒药攻邪，五谷为养，五果为助……”我国古代毒药概念一方面反映了药食分离在认识上的进步，另一方面也反映出当时对药物的治疗作用和毒副作用还不能很好地把握，故笼统称为“毒药”。《礼记》谓：“君有疾饮药，臣先尝之，亲有疾饮药，子先尝之。医不三世，不服其药。”从上述记载中可以看出，当时服用药物是具有相当危险性的事，故人们只能采取比较慎重的态度。《内经·七篇大论》中，亦有大毒、常毒、小毒等论述。从毒药统称到有毒无毒的区分，反映了人们对毒性认识的进步。东汉以后的《本草》对有毒药物都标出其毒性。

有毒药物的治疗剂量与中毒剂量比较接近或相当，因而治疗用药时安全度小，易引起中毒反应。有毒药物偏性强，根据以偏纠偏、以毒攻毒的原则，有毒药物有其可利用的一面。古今利用某些有毒药物治疗恶疮肿毒、疥癣、肿瘤等积累了大量经验，获得了肯定疗效。我们既应借鉴古代用药经验，也要利用现代药理学研究成果，更应重视临床研究报道，以便更好地认识中药的毒性。中药毒性反应，包括中药的急性毒性和慢性毒性反应。

1. 急性毒性

因剂量过大而立即发生的不良反应称为急性毒性。根据现代临床的长期观察，因各种原因引起中药急性中毒的发生率日益增多。如川乌、草乌、附子、乌头、北五加皮、洋金花、山豆根、蟾蜍、麻黄等，可引起心血管系统的急性毒性反应，临床主要表现为心悸发绀、心动过速、心动过缓、心律失常、传导阻滞、血压升高或下降、循环衰竭甚至死亡等；苦杏仁、桃仁、白果、草乌、全蝎等，可引起呼吸系统的急性毒性反应，临床主要表现为气紧、咯血、哮喘、呼吸困难、急性肺水肿、呼吸肌麻痹或呼吸衰竭等；中药马钱子、乌头、川乌、草乌、附子、蟾蜍、雷公藤、苦参、麻黄、细辛、朱砂、天南星等，可引起神经系统的急性毒性反应，临床主要表现为唇舌和肢体发麻、眩晕、头痛、烦躁不安、牙关紧闭、角弓反张、抽搐、惊厥、意识模糊、昏迷、瞳孔缩小或散大，甚至死亡等；瓜蒂、苦杏仁、川乌、草乌、附子、蜈蚣粉、雷公藤、木通等，可引起消化系统的急性毒性反应，临床主要表现为呕吐、食欲不振、腹胀、腹泻、消化道出血、肝大、肝功能损害、中毒性肝炎，甚至死亡等。

2. 慢性毒性

慢性毒性是指某些中药因长期服用或重复多次用药，造成体内药物蓄积过多而逐渐发生的不良反应。临床研究发现，长时间服用雷公藤，除对肝、肾功能有损害之外，对生殖系统亦有明显的损伤作用；黄药子长期服用可导致肝损害，且有死亡病例报告。动物长期毒性试验组织病理学检查结果提示，毒性反应以肝、肾、胃、肠的发生率最高，其次是心、骨髓、肺、中枢神经和内分泌腺体。

（二）副敏危害

副敏危害是指中药的副作用与过敏性反应的总称，是指某种中药具有多种作用时，在常规治疗剂量下，伴随中药的治疗作用而出现的与治疗目的无关的作用。产生副敏危害的药理基础是药物作用选择性低、作用范围广，当治疗利用其中的一个药理作用时，其他作用就促成了副敏危害。

1. 副作用

中药的副作用，是指在治疗剂量下所出现的与治疗目的无关的作用，即对机体危害性不大的不良反应。如麻黄有发汗、平喘、利水、升高血压、中枢兴奋等作用，对于支气管哮喘患者，平喘是其治疗作用，其他功效便成了副作用；相反，对低血压患者，升高血压是其治疗作用，其他功效又成了副作用。又如大黄有泻热通便、活血祛瘀、清热解毒作用，当用以治疗经络瘀阻，活血祛瘀就成为治疗作用，而其泻热通便所引起的腹泻，便溏就成为副敏危害；相反，大黄用于治疗热结便秘，泻热通便成为治疗作用时，而活血祛瘀效应可导致半抗原或全抗原刺激机体而发生非正常免疫反应。中药的副作用可表现在多个方面，这是由于其成分的复杂性和药理作用的多样性所决定的，尤其是单味药的应用更为突出。因此，可以通过复方用药，减少药物副作用的发生。

2. 过敏反应

中药的过敏反应，是指由于受到某些中药成分刺激后，体内产生了抗体，当该药物再次进入机体时，发生抗原抗体的结合反应，造成组织损伤或生理功能紊乱。在所有中药不良反应中，过敏性反应发生率最高，可引起过敏反应的中药达150余种。表现为皮疹、荨麻疹、斑丘疹、红斑等，重者可出现剥脱性皮炎、过敏性休克甚至死亡，如当归、五味子、白芍、丹参、穿心莲等可引起荨麻疹；川贝母、虎杖、两面针等可引起猩红热样药疹；蟾酥、蓖麻子、苍耳子等可引起剥脱性皮炎；槐花、南沙参等可引起丘状皮疹；天花粉、黄柏、大黄、紫珠、六神丸等可引起湿疹皮炎样药疹；虎杖、血竭、南沙参等可引起烫伤水疱样药疹；青蒿、大蒜等可引起固定型药疹；牡蛎、瓦楞子等可引起过敏性腹泻；菠萝、百宝丹可引起过敏性喉头水肿；云南白药、丹参注射液、六神丸、双黄连注射剂、天花粉注射液、藿香正气水、当归、金银花、槐花、毛冬青等可引起过敏性休克。

究其原因，是因为中药品种繁多，所含成分复杂，其中不少具有抗原性，如动物药中的蛋白质，植物药中的多糖和小分子物质，如黄柏等药中的小檗碱、金银花中的绿原酸等，均可诱发不同类型的过敏反应。中药中只要含有生物活性基团的化学成分，就有致敏的可能性。

（三）三致危害

中药的三致，是指畜禽长期、大量灌服了某种中药后，对机体产生的致畸、致癌、致突变的作用。某些中药长期应用可产生致畸、致癌、致突变的作用。

1. 致癌作用

某些中药长期接触或服用后可引起机体某些器官、组织、细胞的过度增殖，形成良性或恶性肿瘤。研究发现，中草药或其所含的成分具有实验性致癌活性，菊科植物大吴风草的根、叶中含有克氏千里光碱，对肝脏有明显的毒性，并可诱致肝脏癌变。在大鼠身上进行款冬花的致癌作用研究，显示款冬花长期服用有致癌作用，通过分析得知，主要是由款冬花中所含的吡咯双烷衍生物所致。在动物饲料或饮水中混入不同剂量的中药，如槟榔、款冬花、紫草、藿香、细辛、石菖蒲等，经长期饲喂，可引起不同肿瘤的生长，如肝血管内皮肉瘤、肝癌、恶性纤维间质肿瘤等。尤其值得注意的是，有些中药本身可能没有直接的致癌作用，但当它与其他有致癌作用的药物合用时，则可使致癌物质的致癌作用大大增强，使癌症的发生率显著增高。如大戟科巴豆属植物巴豆，所含的巴豆油既具有促致癌作用，又具有辅致癌作用。巴豆油中具有促癌活性的成分为大戟二萜醇酯，巴豆油和大戟二萜醇酯亦具有显著的辅致癌活性，致癌剂与其合用时，其诱癌活力至少增强约 20 倍。

2. 致畸作用

某些药物经妊娠母畜服用后能影响胚胎的正常生长发育，导致胎儿畸形。制半夏和生半夏在对妊娠家兔母体无明显影响的情况下，能导致妊娠家兔死胎率显著增加，胎儿体重显著下降，胎儿之间的个体差异突出，且其胚胎毒性不因炮制而有所降低，说明古人“半夏动胎”的说法确有根据。有些中草药如百合、苦参、杏仁、桃仁、郁李仁等有致畸作用；长期接触雷公藤，可使畜禽外周淋巴细胞染色体畸变。雷公藤的剂量超过 25 mg/kg 体重，可使小鼠染色体发生畸变；半夏、板蓝根、花椒等均可引起染色体畸变。因此，妊娠母畜用药须十分谨慎。

3. 致突变作用

有些中草药有致突变作用，石菖蒲和水菖蒲的挥发油中所含的细辛醚对鼠伤寒沙门菌 AT98 有致突变作用，并可使大鼠骨髓染色体畸变率显著上升，提示对染色体有断裂效应。妊娠大鼠口服细辛醚剂量增至 185.2 mg/kg 体重时，对母鼠体重、不孕率和吸收率均有影响，提示对妊娠母鼠和胚胎有一定的毒性。

三、发生不良反应的原因

（一）客观因素

（1）病畜个体差异与过敏体质。不同年龄、性别、体质、生理状况的病畜，对药物的敏感性、反应性、耐受性不同，有的对无毒药品也可引起不良反应，如母畜哺乳期就对许多药物反应敏感。

（2）药物固有毒性。中药里许多药物有强烈的毒性，如乌头类、砒霜、雄黄、红娘子等，这些药如果使用不慎或用量超过安全范围均可使畜禽中毒或导致死亡。中药注射剂中含有有害物质、杂质、植物蛋白，外用制剂辅料，如白酒、酒精、醋等使用不当，均可出现毒性反应。

（3）药物品种混乱。中药同名异物或同物异名的现象由来已久，给临床用药带来混乱。如五加皮有南北之分，北五加皮有毒，南五加皮无毒，如果对此不知，则可因使用北五加皮不当而中毒。以假乱真也屡见不鲜，如将有毒的华山参、商陆当人参用，独角莲代天麻，均可引起毒性反应。中药来源品种不当，如桑寄生本无毒，但寄生在有毒植物上的就会含有相应的有毒成分。

（二）主观原因

（1）辨证不准。有的临床医师常寒热不分、虚实不辨，药不对证，不仅治之无效，使病证难愈，甚至导致严重后果。如给肝阳上亢病畜服用细辛、肉桂等，等于火上浇油。

（2）配伍不当。配伍不当有两种，一为杂配，药味越开越多，剂量用大。

二为滥伍，有的临床医师拘泥医典，以偏概全而不知变通。有些中药相互间可产生化学反应，如若配伍不当将会引起不良反应，如藜芦就不宜与人参等补益类药同时使用；中、西药之间也有配伍禁忌，如山楂、五味子、乌梅等与磺胺类药同时使用就会引起血尿。

（3）剂量过大。有的中药剂量必须严格掌握，随意加大其剂量、超剂量用药，即使毒性低的药物也易中毒。畜主不遵守医嘱，擅自超量灌服而致的各种毒性反应也常有所闻。如过量服用肉桂就会引起血尿。附子中含有乌头碱，小剂量使用具有治疗作用，剂量过大或使用不当就会引起中毒。还有如砒霜、胆矾、斑蝥、蟾酥、马钱子、附子等毒性较大的药物，用量过大，或投喂时间过长均可导致中毒。

（4）炮制或煎煮不当。炮制能减缓药物的毒副作用，但临床上该炮制而不炮制、生熟不分的现象较为普遍。有的毒性药物炮制得不及时，有的炮制方法不当，没有遵循基本法则（如汤剂加水量、火候、时间、取计量、药物先下后下等），使有毒类药物毒性未减。如经过炮制后的法半夏没有什么毒性，但生半夏却是有毒。调配工作不慎，毒性药物管理不严，调剂人员粗心大意等，均可将良药配成有毒药品。

（5）剂型服用欠佳。有的药物在剂型或服用方法上有特定的要求，违者服后可致丧命，如砒石不可制成酒剂，鸦胆子必须去壳取仁包服，否则易蚀灼口腔、食管、胃肠。用药途径不当，如作为肌内注射用的中药注射液被用于静脉注射。

（6）疗程过长。某些中药长期服用易导致蓄积中毒，如含汞、铅等金属药物长期应用可蓄积中毒，人参长期服用可出现人参滥用综合征。用药时间过长，如黄花夹竹桃含有强心苷，长期使用会发生洋地黄样蓄积中毒反应。

第二节　中药的炮制

炮制是指对药物在应用前或制成各种剂型之前进行的必要的加工处理过程，包括对原药材进行一般修制整理和部分药材的特殊处理。古代称之为炮炙、修治、修事等。由于中药材大都是生药，在制备各种制剂之前，一般应根据医疗、配方、制剂的不同要求，并结合药材的自身特点，进行一定的加工处理，才能使之既充分发挥疗效又避免或减轻不良反应，在最大程度上符合临床用药的要求。一般来讲，中药材按照不同的药性和治疗要求而有多种炮制方法，有些药材的炮制还要加用适宜的辅料，并且注意操作技术和讲究火候。正如前人所说"不及则功效难求，太过则性味反失"。炮制是否得当，直接关系到药效。而少数毒性和烈性药物的合理炮制，更是确保用药安全的重要措施。

一、炮制的目的

中药材采自于自然界的植物、动物、矿物、水产物等，多须经过炮制才能应用。炮制的目的，因药不同，因病而异，归纳起来有如下几种。

（一）使药物纯净、确保疗效

除去药材的杂质和非药用部分，使药物纯净，达到用量准确、疗效可靠的目的。如修制和水制法中的拣选、洗选、刷毛、去皮、去心等。

（二）改变药物性能，扩大用药范围

中药的临床应用，是由它的药性决定的，药性变了，其功效也就不同。炮制可以改变药性，增添新功效，扩大用药范围。如生地与熟地，天南星与胆南星，生姜、干姜与炮黑姜，生麻黄与蜜炙麻黄等，经炮制后都改变了药性和功效。在传统制药中，有酒制升提而制寒，姜制温中而开痰，醋制入肝而收敛，盐制走肾而下行，蜜制甘缓而润补，米泔水制去燥而和中，土制守中而助脾，甘草水制甘缓而解毒，炒炭存性而止血等经验。

（三）除去毒性烈性，保证用药安全

中药的药性有偏，中医和中兽医治病，就是用其偏性来纠正人畜体内的阴阳失调的偏性。药性过偏，便产生毒性。炮制可以减弱或消除某些药物的毒性或烈性。如马钱子生用有毒，其毒性成分是过量的士的宁，它可使脊髓高度兴奋，惊厥，甚至角弓反张、呼吸麻痹而死亡。但马钱子经砂炒、烫或油炸炮制后，能破坏 20% 以上的士的宁，即可确保疗效和用药安全。还有川乌、草乌、半夏、南星、

白附子等生用有毒，须用清水反复泡或姜汁等制其毒。甘遂用醋制能降低毒性。巴豆、续随子去油用霜，其性变缓。

（四）保留有效物质，提高中药疗效

如苦杏仁发挥止咳平喘作用的有效物质是苦杏仁苷。苦杏仁在入汤剂煎煮时，其苷容易被其中存在的酶水解成氢氰酸而损失掉，其损失量可达 98%。但焯制可以破坏其酶，保存其苷。实践证明，苦杏仁苷在汤剂中的含量，焯制品比生品高 1 倍多。又如龟板，其生品的热水浸出物含量是 2.276%，经炒烫淬后的制龟板，其热水浸出物含量是 13.975%，显然制龟板的胶质容易被煎出。

（五）变异形态结构，便于调剂和制剂

中药的形态结构由于品种多样而复杂化，直接配方和制剂都有困难，必须经过适当炮制。如根茎药物切成饮片；圆粒整个的种子，须炒黄爆裂；坚实不化的矿物、贝壳、甲壳等经火锻醋淬才能变得酥脆；动物类药物经过酒炙或醋炙后可除去不快之味等。经过这些炮制处理即便于调剂，使有效成分能充分利用。

总之，中药的炮制，目的在于提高疗效，降低毒性，除去副作用，确保用药安全。对于前人总结的炮制经验，应当科学地分析，继承和发扬其精华，去除其糟粕，不能持一概肯定或一概否定的态度。

二、炮制的方法

炮制方法是历代逐渐发展和充实起来的，其内容丰富，方法多样。古代的炮制方法主要依赖于药工的实践经验。现代，对于中药的炮制除了继承古代炮制经验之外，有些药材的炮制充分利用现代科技对其工艺进行程序化、规范化的操作和管理，对其炮制质量进行科学控制。随着 GMP（药品生产质量管理规范）、GAP（药材生产质量管理规范）的逐渐实施，中药炮制将越来越科学。

根据目前的实际应用情况，下面介绍中药炮制中常用的一些方法。

（一）修 治

1. 纯净处理

借助一定工具，以手工或机械的方法，采用挑、拣、簸、筛、刮、刷等方法，去掉非药用部分以及灰屑、杂质等，使药物清洁纯净。如拣去合欢花中的枝、叶；刷除枇杷叶、石韦叶背面的绒毛；刮去厚朴、肉桂的粗皮；麻黄去根，山茱萸去核等。

2. 粉碎处理

采用捣、碾、研、镑、锉等方法，使药物粉碎，以符合制剂和其他炮制方法的要求。如牡蛎、龙骨捣碎便于煎煮；川贝母捣粉便于吞服；水牛角、羚羊角刨成薄片，或锉成粉末，便于制剂和应用。

3. 切制处理

采用刀具将药物切成一定的规格，便于进行其他炮制和制剂，也利于干燥、贮藏和调剂时称量。根据药材的性质和医疗需要，切片有很多规格。如天麻、槟榔切薄片；泽泻、白术切厚片；黄芪、鸡血藤切斜片；桑白皮、枇杷叶切丝；白茅根、麻黄切段；茯苓、葛根切成块等。

（二）水 制

用水或其他的液体辅料处理药物的方法。水制的目的主要是清洁药材，软化药材以便于切制和调整药性。常用的有洗、淋、泡、浸、润、漂、水飞等。

1. 洗

将药材放入清水中，快速洗涤，除去上浮杂物及下沉脏物，及时捞出晒干备用。除少数易溶或不易干燥的花、叶、果及肉类药材外，大多需要淘洗。

2. 淋

将不宜浸泡的药材，用少数清水浇洒喷淋，使其清洁和软化。

3. 泡

将质地坚硬的药材在保证其药效的原则下，放入水中浸泡一段时间，使其软化。

4. 浸

用清水或加液体辅料较长时间浸泡药材使之柔软，又不致过湿，便于切片。

如槟榔须浸泡 7 d，木通浸泡 1 d，桂枝须浸 2 d 左右。亦有用浸渍法将中药制成注射剂者，方法是将能溶于水或醇而不耐热的中药粉碎后放入玻璃瓶内，加入溶剂（如冷水、热水、稀醇、浓醇及热醇等），浸渍 3~4 d，甚至 5~10 d，每隔 6~12 h 搅拌 1 次，连浸 3 次后进行浓缩、沉淀、过滤、灭菌、分装即可应用。

5. 润

润又称闷或伏。根据药材质地的软硬、加工时的气温、工具，用淋润、洗润、泡润、晾润、浸润、盖润、露润、包润、复润和双润等多种方法，使清水或其他液体辅料徐徐入内，在不损失药效的前提下，使药材软化，便于切制饮片。如淋润荆芥，泡润槟榔，酒洗润当归，姜汁浸润厚朴，盖润大黄等。

6. 漂

将药物置多量的清水中浸渍一段时间，并反复换水，以去掉腥味、盐分及毒性成分的方法。如将昆布、海藻、盐附子漂去盐分，紫河车漂去腥味等。

7. 水飞

水飞系借药物在水中的沉降性质分取药材极细粉末的方法。将不溶于水的药材粉碎后置乳钵或碾槽内加水共研，大量生产则用球磨机研磨，再加入多量的水搅拌，较粗的粉粒即下沉，细粉混悬于水中，倾出；粗粒再飞再研，倾出的混悬液沉淀后，析出干燥即成极细粉末。此法所制粉末既细，又减少了研磨中粉末的飞扬损失。常用于矿物类、贝甲类药物的制粉，如飞朱砂、飞炉甘石、飞雄黄。

（三）火　制

火制即用火加热处理药物的方法。本法是使用最为广泛的炮制方法，常用的火制法有炒、炙、煅、煨、烘焙等。

1. 炒

有炒黄、炒焦、炒炭等程度不同的清炒法。用文火炒至药材表面微黄称炒黄；用武火炒至药材表面焦黄或焦褐色，内部颜色加深，并有焦香气称炒焦；用武火炒至药材表面焦黑，部分炭化，内部焦黄，但仍留有药材固有气味（即存性）者称炒炭。炒黄、炒焦使药物易于粉碎加工，并缓和药性。种子类药物炒后煎煮时有效成分易于溶出。炒炭能缓和药物的烈性、副作用，或增强其收敛止血功效。除清炒外，还可拌固体辅料如灶心土、麸、米炒，可减少药物的刺激性，增强疗效，如土炒白术、麸炒枳壳、米炒斑蝥等。与砂或滑石、蛤粉同炒的方法习称烫，药物受热均匀酥脆，易于煎出有效成分或便于服用，如砂炒穿山甲，蛤粉炒阿胶等。

2. 炙

炙是将药材与液体辅料拌炒，使辅料逐渐渗入药材内部的炮制方法。通常使用的液体辅料有蜜、酒、醋、姜汁、盐水、童便等。如蜜炙黄芪、蜜炙甘草、酒炙川芎、醋炙香附、盐水炙杜仲等。炙可以改变药性，增强疗效或减少副作用。

3. 煅

煅将药材用猛火直接或间接煅烧，使质地松脆，易于粉碎，充分发挥疗效。其中，直接放在炉火上或容器内而不密闭加热者，称为明煅，此法多用于矿物药或动物甲壳类药，如煅牡蛎、煅石膏等。将药材置于密闭容器内加热煅烧者，称为密闭煅或焖煅，本法适用于质地轻松，可炭化的药材，如煅血余炭、煅棕榈炭。

4. 煨

将药材包裹于湿面粉、湿纸中，放入热火灰中加热，或用草纸与饮片隔层分放加热的方法，称为煨法。其中以面糊包裹者，称为面裹煨；以湿草纸包裹者，称为纸裹煨；以草纸分层隔开者，称为隔纸煨；将药材直接埋入火灰中，使其高热发泡者，称为直接煨。

5. 烘焙

将药材用微火加热，使之干燥的方法叫烘焙。

（四）水火共制

常见的水火共制法包括蒸、煮、潬、淬等。

1. 煮

煮是用清水或液体辅料与药物共同加热的方法，如醋煮芫花、酒煮黄芩。

2. 蒸

蒸是利用水蒸气或隔水加热的方法。不加辅料者，称为清蒸；加辅料者，称为辅料蒸。加热的时间视炮制的目的而定。如改变药物性味功效者，宜久蒸或反复蒸晒，如蒸制熟地黄、何首乌；为使药材软化，以便于切制者，以变软透心为度，如蒸茯苓、厚朴；为便于干燥或杀死虫卵，以利于保存者，加热蒸至“圆汽”，即可取出晒干，如蒸银杏、女贞子、桑螵蛸。

3. 潬

潬是将药物快速放入沸水中短暂潦过，立即取出的方法。常用于种子类药物的去皮和肉质多汁药物的干燥处理，如潬杏仁、桃仁以去皮，潬马齿苋、天门冬以便于晒干贮存。

4. 淬

淬是将药物煅烧红后，迅速投入冷水或液体辅料中，使其酥脆的方法。

淬后不仅易于粉碎，且辅料被其吸收，可发挥预期疗效。如醋淬自然铜、鳖甲，黄连煮汁淬炉甘石等。

（五）其他方法

除上述炮制方法外，还有一些特殊制法，如制霜、发酵、发芽等。

1. 制霜

种子类药材压榨去油或药物经过加工析出细小结晶后的制品，称为霜。其相应的炮制方法称为制霜。前者如巴豆霜，后者如西瓜霜。

2. 发酵

将药材与辅料拌和，置一定的湿度和温度下，利用霉菌使其发泡、生霉，并改变原药的药性，以生产新药的方法，称为发酵法。如神曲、淡豆豉。

3. 发芽

将具有发芽能力的种子药材用水浸泡后，保持一定的湿度和温度，使其萌发幼芽，称为发芽。如谷芽、麦芽等。

第四章　中药的方剂和配伍

凡能将药物加以适当的配伍，使其起到综合与调和药物偏性的作用，以适应临床应用的需要就称为方剂。凡药物配合后能达到提高疗效、减弱毒性的目的就称为配伍。方剂是用药物治病进一步发展的产物，是研究兽医中药治法与配伍理论及其临床运用的一门学科，与临床各科紧密相连，起着沟通基础与临床的桥梁作用。

第一节　方剂的组成、变化和种类

在中兽医临床使用的方剂中，凡属于两味药物以上所组成的药方，称为复方；而单味使用的，称为单方。方剂中除了极少数单味药方之外，大多是由两味或两味以上的中药所组成的复方。这是因为单味中药的作用是有限的，有些对畜体还会产生一些副作用甚至毒性反应。如果将若干味中药配合起来使用，相互之间扬长抑短，显然较之仅用一味药物治疗疾病有着更多的优越性。这种优越性具体表现在以下三个方面。

第一，将功效相近的药物配伍同用，可以增强疗效，以适应较为严重的病证，如大黄与芒硝合用，可以加强泻下逐邪的作用，治疗热结重证，方如大承气汤。

第二，将功效不同的药物配伍同用，可以扩大治疗范围，以适应较为复杂的病变，如党参补气，麦门冬滋阴，两者合用，则有气阴双补作用，治疗气阴两虚证候，方如生脉散。

第三，在使用药性峻烈或有毒性的药物时，配伍一些能够减轻或消除其毒副作用的药物，则可以避免或减轻畜体正气的损伤以及毒性反应，如甘遂泻下逐水，但药性峻猛，且有毒性，使用时配伍大枣则能够缓和其对畜体的不利影响，方如十枣汤。

由此可见，方剂通过合理妥善的配伍，可以最大限度地发挥药物的治疗作用，最大限度地降低乃至消除药物的毒副作用，这就是复方被广泛使用的主要原因。要达到上述要求，使得所拟方剂尽可能地切合临床病证，就必须在方剂组成原则的指导下遣药组方，并且针对具体证候加以灵活的变化。

一、方剂的组成

现有中草药物有万余种，常用中药也有300~400味，如何将一些各不相同的中药合理配伍组成方剂，除了准确地辨证、立法以及合理选择药物，权衡用药剂量之外，还必须遵循方剂特有的组成原则。正如《内经·素问》上说："主病之谓君，佐君之谓臣，应臣之谓使。"由此可见，方剂的组成是以君、臣、佐、使为基础的，而且剂量亦有所区别。

（一）君　药

君药即针对病因或主证，起主要治疗作用的药物，是方剂组成中不可缺少的药物。

（二）臣　药

臣药即能够协助或加强君药，以加强治疗作用的药物。

（三）佐　药

佐药即能够协助主药解除某些次要症状，或者能够对主药起监制作用的药物，所以适用于兼症较多的病证，或者适用于主药有毒或性质太偏的主药。它有以下三种意义。

（1）佐助药。即配合君药、臣药以加强治疗作用，或治疗兼病与兼症的药物。

（2）佐制药。即起到制约君药、臣药的峻烈之性，或减轻与消除君药、臣药毒性反应的药物。

（3）反佐药。即病重邪甚，可能拒药时，配用与君药性味相反而又能在治疗中起相成作用的药物。

（四）使　药

使药即治疗兼证的某些次要药物，或是能引导药效到达病所的引经药（包括协和药和助溶药）。有以下两种意义。

（1）引经药。即能引导方中诸药到达病所的药物。

（2）调和药。即具有调和方中诸药性味的药物。

兹用以下几个方例，特对上述组成原则加以说明。

例一：麻黄汤（《伤寒论》）

组成：麻黄 30 g，桂枝 30 g，杏仁 30 g，甘草 21 g。

主治：外感风寒表实证，症见恶寒发热，无汗而喘，舌苔薄白，脉象浮紧。

君药——麻黄，发汗解表，宣肺平喘。

臣药——桂枝，助麻黄发汗、解表、散寒。

佐药——杏仁，合麻黄宣降肺气，止咳平喘。

使药——甘草，调和药性，并防麻黄、桂枝过汗伤正（兼佐药）。

此证病因是外感风寒，主证为风寒束表，兼证为肺气失宣。治疗宜用散寒解表、宣肺平喘之法。方中麻黄与桂枝均味辛性温，可散寒解表，但麻黄发汗散邪力强，且药量较重，因而是在本方中针对病因和主证起主要治疗作用的药物，即君药；桂枝协助麻黄加强发汗散寒解表作用，故为臣药；杏仁降气止咳平喘，专门针对肺气失宣、咳嗽气喘的兼症而设，故为佐药（佐助药）；甘草可以调和药性，属于使药中的调和药，因其味甘性缓，又能缓和麻黄、桂枝辛温发散可能导致的发汗太过之弊，故兼作佐药。上述君、臣、佐、使的组方原则告诉我们：①方剂中药物的作用有主次之分。其中君药至为重要，臣药次之，佐、使药物又再次之。②方剂中药物之间存在着多方面的联系，如君药与臣药之间的相互配合与协助，佐药与君药、臣药之间的协同或制约，通过相辅相成或相反相成的配伍关系，使方剂发挥最佳的治疗效应。③并非每首方剂均包含君、臣、佐、使各类药物，也不一定每味药只专任一职。这是因为君、臣、佐、使是根据治疗的需要而设，除君药必不可缺外，其余类型药物并不一定必须具备，若君药药力足够，则不必以臣药辅之；若君、臣药无毒亦不峻烈时，亦无须以佐药制之；若主病药物能直达病所，则不必再加引经的使药；有的臣药兼有佐药之职，有的佐药兼有使药之能，如麻黄汤中的甘草既为使药又兼佐药之功，所以切不可机械地理解君、臣、佐、使的组方原则。

遵循君、臣、佐、使的组方原则配伍组方，能够使方中各药主从有序，既有明确的分工，又有密切的配合，相互之间协调制约，使方剂成为一个配伍法度严谨的有机整体，就能取得临床预期的疗效。

例二：半夏散（《元亨疗马集》）

君药——半夏，燥湿、化痰、止呕。

臣药——升麻，散风、升阳。

佐药——防风，祛风、胜湿。

使药——枯矾，敛肠。

上述方剂中的半夏因为起着主要的作用，所以是君药；而升麻因为能够加强君药的功用，所以是臣药；由于防风能够协助君药解除某些次要症状，所以是佐药；枯矾有敛肠的作用，是治疗兼症的次要药物，所以是使药。至于原方中的荞麦面、蜂蜜、生姜、酸浆水等都是引药。

例三：橘皮散（《元亨疗马集》）

君药——青皮、陈皮，理气、温中。

臣药——桂心、小茴香、槟榔，除痼冷、破积、下气

佐药——厚朴、当归，散满、和血。

使药———细辛、白芷，行水气、散寒。

上方说明了君、臣、佐、使药并不是限于一味药，而是根据辨证，针对主要病证，可以开写多种多样的药物，至于原方中的葱、飞盐、苦酒等，都是引药。

总之，凡两味药以上的方剂都是按其功用和剂量，以君、臣、佐、使的原则来配合的。关于方剂中药味的多少，一般没有限制，但应以病症缓急专杂为转移。例如，对于急症的药味应从简，对于缓症则可药味多些；症状专的可以从简，症状复杂的可药味多些。如果采用古方、秘方或验方，应该在症状完全符合时才可应用，否则应随证加减其药味或药量，或把数方相合而加减应用，以便切合病情，提高疗效。

二、方剂的变化

方剂的组成有一定的原则，但在临床应用时尚需随证加减，须根据病情、体质、年龄、性别的不同，以及饲养管理、气候、地区的差异，灵活化裁，加减使用，才能收到预期的治疗效果。常用的加减变化有以下几种。

（一）药味增减

药味增减指在方剂的主药、主证不变的情况下，随着兼证的不同，适当增添或减去一些药物，也称为随证加减。如郁金散治疗肠黄热甚者，宜去诃子，加银花、连翘以清热解毒；腹痛重者，加乳香、没药、延胡索以活血止痛；水泻不止，去大黄，加茯苓、猪苓、泽泻、乌梅以利水止泻。

（二）药量增减

药量增减指方中的药味不变，只增减药量，就能改变方剂药力的大小，改变其功效和主治，甚至方名也因而改变。如小建中汤（芍药、桂枝、炙甘草、生姜、大枣、饴糖）即桂枝汤中芍药倍量于桂枝和加饴糖组成，而使解肌发表的桂枝汤，变为温中补虚的小建中汤。桂枝汤以桂枝为主药，小建中汤则以芍药为主药。由此看出，虽然药物组方基本相同，但由于方中药物用量的改变，功用也就发生了变化。

（三）配伍变化

方中主药不变而配伍药物发生改变，有时可直接影响该方的主要作用。如麻黄汤中配伍桂枝，可增强辛温解表、发汗散寒的作用；若不配伍桂枝而改配清热泻火的石膏，则成麻杏石甘汤，有辛凉宣泄、清肺平喘的作用，由辛温散寒变成了辛凉清热的方剂。

（四）合　方

合方指两个或两个以上的方剂合并成一个方使用，目的是扩大方剂的作用，增强疗效。如四君子汤补气，四物汤补血，两方合并名八珍汤，则成气血双补之剂。又如平胃散燥湿运脾，五苓散健脾利水，两方合用名胃苓汤，具有健脾渗湿、利水止泻之功，用治水湿泄泻等证，功效更好。

（五）剂型变化

同一个方剂，由于剂型不同，作用也有变化。一般来讲，汤剂和散剂作用快而力峻，适用于病情较重或较急者；丸剂作用慢而力缓，多用于病情较轻或较缓者。

从上述加减变化可以看出，方剂的运用，既有严格的原则，又要根据病情灵活变化。只有这样，才能做到用药有法，即“师其法而不泥其方”。

三、方剂的种类

关于方剂配合的形式没有一成不变，都是随着不同时代和不同先贤的划分而异。在《内经 · 素问》上有七方的记载，之后北齐的徐之才则将其分为十剂，明代的张景岳又将其分为八阵，清代的汪昂又进一步将其分为二十一剂。此将分述如下。

（一）七　方

七方就是根据用药的种类多少而将方剂分为大方、小方、奇方、偶方和复方五类，根据疗效的快慢不同而分为急方和缓方两类，故称七方。

（1）大方。一般是以君药一味、臣药二味、佐药九味组成为一方，如果剂量较大而一次性服的，也可称为大方。主要适用于邪气凶猛而有兼证，且病势剧烈非大力不能克制的重症病畜禽。

（2）小方。一般以君药一味、臣药二味组成为一方，如果剂量较小而频频少服的也可称为小方。主要适用于邪气轻浅而无兼证的轻症畜禽。

（3）缓方。一般以甘味药气味俱薄的药、无毒性而有滋补的药或奏效慢的药物组成的方剂，称为缓方。用于虚弱久病、不能急切求效、需要长期调理的畜禽。

（4）急方。一般称有毒性的、气味浓厚的或以急救为目的的方剂为急方。用于病势危急、须用药力峻烈的药物来抢救的病畜禽。

（5）奇方。就是药味合乎单数的方剂，但一般是指患病畜禽病因单纯的病证，只用一种主药来治疗的方剂，称为奇方。

（6）偶方。就是药味合乎双数的方剂，但一般是指患病畜禽病因复杂的病证，须用两味以上的主药来治疗的方剂，称为偶方。

（7）复方。就是指由二方、三方或更多的方剂相合应用的方剂。其中，有由两个方至数个方相合而成的套方，或有由一个方剂加味而成的加方，也有将多种药物并用而分量匀齐的杂方。主要适用于病证比较复杂的疾病。

（二）十　剂

根据药物的临床疗效和使用目的而做如下分类。

（1）宣剂。宣可去壅，如一些理气和健脾之剂。

（2）通剂。通可行滞，如一些利水之剂。

（3）补剂。补可扶弱，如一些补养之剂。

（4）泄剂。泄可启闭，如一些攻里之剂。

（5）轻剂。轻可去实，如一些发表之剂。

（6）重剂。重可镇怯，如一些祛风镇惊之剂。

（7）濇剂。濇可固脱，如一些收涩之剂。

（8）滑剂。滑可去着，如一些消导和利水之剂。

（9）燥剂。燥可胜湿，如一些健脾、利水和除痰之剂。

（10）湿剂。湿可润燥，如一些润燥之剂。

（三）八　阵

八阵是依据辨证施治的原则来分类的，它与治疗上的八法相似。

（1）补阵。适用于虚证，如补养之剂。

（2）和阵。适用于和解畜禽机体的伤气，如和解之剂。

（3）攻阵。适用于急症、实证，如表里之剂。

（4）散阵。适用于风寒外邪的表证，如发表之剂。

（5）寒阵。适用于热证，如泻火之剂。

（6）热阵。适用于寒证，如祛寒之剂。

（7）固阵。适用于滑泄不禁之证，如收濇之剂。

（8）因阵。即因证立方的意思，如辨因之剂。

（四）二十一剂

这种分类法是综合了七方、八阵和十剂的优点而进一步发展的分类方法。

（1）补养剂。能滋补畜禽机体阴阳气血的不足，从而消除一切衰弱症状的方剂，如七补散、益气黄芪散等。

（2）发表剂。能疏散外邪、解除表证的方剂，如天麻散、防风散。

（3）涌吐剂。能引邪上越，或有涌吐功效的方剂，如吹鼻散。

（4）攻里剂。能治疗结症，或能清除胃肠积滞的方剂，如九龙转江散、续随散等。

（5）表里剂。既能解表又能清里、温里，以治疗内外壅实、表里俱急的方剂，如润肺散、大黄散等。

（6）和解剂。能以和解的方法来达到祛除病邪的方剂，如温脾散。

（7）理气剂。能梳理气机、解郁降逆的方剂，如清肺半夏散、八平散。

（8）理血剂。能祛除瘀血，或制止出血的方剂，如秦艽散。

（9）祛风剂。能散风、熄风的方剂，如千金散。

（10）祛寒剂。能补益阳气、祛除寒邪的方剂，如桂心散。

（11）清暑剂。能治疗暑病的方剂，如香薷散。

（12）利湿剂。能使湿邪从肌表或二便排泄的方剂，如猪回散。

（13）润燥剂。能滋润和清除燥邪的方剂，如止渴人参散。

（14）泻火剂。能清热保津、除烦解渴的方剂，如济世消黄散、四贤散等。

（15）除痰剂。能促进排痰或化痰的方剂，如半夏散、贝母散等。

（16）消导剂。能散积行气、健脾和胃的方剂，如消积平胃散、神曲散等。

（17）收涩剂。能收敛、固涩精气和津液的方剂，如龙骨散。

（18）杀虫剂。能杀死或驱除体内寄生虫的方剂，如青盐散。

（19）明目剂。能治疗目疾的方剂，如决明散。

（20）疮疡剂。能治疗一切外科病证的方剂，如消黄散。

（21）经产剂。能治疗母畜胎产前后病症的方剂，如补益当归散。

从中兽医长期的临床实践来看，上述四种分类方法，以二十一剂比较适合于中兽医临床的应用。

第二节　方剂的配伍和用药禁忌

一、方剂的配伍

（一）中药配伍的方法

用中药治病，首先是从单味开始的，随着对疾病认识的加深和用药经验的积累，便产生了复味组合。这种按照病情的需要和用药法度，将两种以上药物合用，就叫配伍。配伍是组成方剂的基础。

单味药物治病，其药力精专，便于使用和掌握，但它只适应较单纯的病证或解决某一个症状。但在临床实践中，疾病机转常常是复杂的，有数病相兼，有寒热错杂，有虚实并见。在这种情况下，使用单味药物就不能照顾全面，而多味药物合用，就可能对较复杂的病证全面照顾，提高疗效。这就产生了药物的配伍。在配伍应用的情况下，药物与药物之间出现相互作用，有些药物互相协同而增进了疗效，有些药物却又可能互相对抗而抵消或削弱原有的作用，有的药物配合后却产生了意外的效果，也有的药物合用后发生了毒害。古代医家经过长期的临床实践，逐步认识到药物配合后所产生的相当复杂的变化。《神农本草经》将这种药物之间的配伍关系称为“七情”。书中说：“药有阴阳配合……。有单行者，有相须者，有相使者，有相畏者，有相恶者，有相反者，有相杀者。凡此七情，合和视之，当用相须相使者良，勿用相恶相反者，若有毒宜制，可用相畏相杀者。不尔，勿和用也。”在该书所载 365 种药中，单行者 71 种，相须者 12 种，相使者 90 种，相畏者 78 种，相恶者 60 种，相反者 18 种，相杀者 36 种。

现将“七情”分述如下。

1. 单行

单行就是不需其他药物辅助，依靠一种药物治疗疾病。对于病情比较单纯的病证，选一味针对性强的药物即能收效。如人参补气救脱，一味甘草解毒，独用蒲公英治痈肿等。

2. 相须

相须就是性味、功效相近似的药物配合应用，可起到协同作用，增强药物的疗效。如石膏与知母配合应用，能明显地增强清热泻火作用；大黄与芒硝配合应用，能明显地增强泻下通便作用；红花与桃仁配合应用，能明显地增强活血化瘀作用。

3. 相使

相使就是两种药物其性味、功效不尽相同，互相配合能发挥各自的特长，增强其疗效，这种新功效与其本身的功效也不相同。这种配伍在临床上有很大意义，例如：黄芪配当归（气、血），如当归补血汤，助于补气生血，达到气血双补；黄连配肉桂（寒、热），如交泰丸，能交通心肾，坎离相应，水火互济；白术配枳实（补、消），如枳术丸，健脾消痞、补消结合；干姜配五味子（散、收），如苓甘五味姜辛汤，温升痰饮，收敛肺气；桔梗配枳壳（升、降），如杏苏散；调胸膈气滞；半夏配黄连（辛、苦），如半夏泻心汤，除烦止呕；当归配白芍（动、静），如四物汤，养血和营；黄柏配苍术（清、燥），如二妙散，在清燥基础上，增强燥湿功能；黄芪配防己（补、利），如防己黄芪汤，补气有助于利水，利水更助于补气；附子配茯苓（温、利），如真武汤，温阳有助于利水；黄连配吴茱萸（寒、温），如左金丸，清泻肝火，降逆上呕。

4. 相畏

两种药物合用，其中一药的毒性或副作用被另一种药物减弱或消除。如生半夏、生南星的毒性能被生姜减弱或消除，故说半夏南星畏生姜。

5. 相杀

想杀指一种药物能减轻或消除另一种药物的毒性或副作用。如古人说“防风能杀砒霜毒”“绿豆能杀巴豆毒”“生姜能杀半夏毒”等。

由上可见，相畏与相杀实际上是同一配伍关系的两种提法，是就药物之间相互对峙而言。

6. 相恶

两种药物配合应用，能相互牵制而使作用降低或丧失药效。如黄芩能削弱生姜的温性，莱菔子能削弱人参的补气功能，故有“生姜恶黄芩”“人参恶莱菔子”之说。

7. 相反

两种药物配合使用，能产生毒性反应或副作用。如甘草反甘遂，京大戟反甘草，乌头反半夏等。

伟大的医药学家李时珍在《本草纲目·序例上》将药物的“七情”概括为：“独行者，单方不用辅也；相须者，同类不可离也；……相使者，我之佐使也；相恶者，夺我之能也；相畏者，受彼之制也；相反者，两不相合也；相杀者，制彼之毒也。”

以上药物“七情”，除了单行之外，其余六个方面都涉及药物的配伍关系。这种关系可概括为四方面。

（1）有的药物配伍后产生协同作用而增强疗效，这是临床用药时必须充分考虑的。

（2）有些药物配伍后可能互相拮抗而抵消作用，削弱原有的功效，用药时当加以注意。

（3）有些药物则由于相互作用而能减轻或消除原有的毒性或副作用，在应用毒性药或剧烈药时，须要考虑选用。

（4）另一些本来单用无害的药物，却因配伍后相互作用而产生毒性反应或强烈的副作用，则属于配伍禁忌，原则上应避免使用。

关于药物的配伍“七情”，已是近两千年的用药经验了，它们组合后所产生的药理，尚须用现代科学的研究方法进行探讨。一般医家多取用相须、相使的配伍形式，少用相恶、相反的配伍形式，具体应用时尚须灵活斟酌，正如时珍说的“有经有权，在用者识悟尔”。

（二）兽医中药配伍的目的

兽医中药配伍颇具技巧，身为医者既应熟知畜禽生理、病理规律，知晓疾病转归特点，又必须熟知药物性味功能，这样临证遣方派药才能灵活自如。药物配伍，是指处方中可以彼此互相依赖、相互制药的两种或多种药物的联合应用。其主要作用是增强疗效，减弱毒性及副作用。药对是两种药物的联合应用，它既是中药复方中最简单和最基本的作用形式，又是单味中药与复方之间的药效桥梁；

它不仅是复方的主干，而且也是配伍的基础。所以，在经典中药复方中，往往含有一组乃至数组药对。临床对药的配伍法则，有同类相须，即两种药对相配伍，可以增强原有药物的功效；或表里兼顾，即两种药对相配伍，既能治表，又能治里，达到表里兼顾的目的。

1. 相互协助，增强药效

相互协助，增强药效即所用药对功用大致相同，配伍以增药效。如杏仁配川贝母，共增化痰止咳之力；青皮伍陈皮，取两药均可理气，然青皮行于左、陈皮善走右，两药伍用理气止痛，调中快膈；鳖甲伍龟甲，取鳖甲滋阴潜阳退热、龟甲滋阴潜阳散结，两药伍用滋阴清热，治疗骨蒸潮热、盗汗等阴虚发热之证效果颇佳。

2. 制约毒副，强化其长

制约毒制，强化其长即所用药对性味相异，同用相互制约其副作用，可更好地发挥其治疗作用。如熟地黄伍砂仁，前者益肾补血，后者辛散醒脾，以砂仁辛散之性去熟地黄腻胃之弊，两药同用补血开胃；鹿角胶伍龟甲胶，一补肾阳，一补阴血，一阴一阳，阴阳双补；吴茱萸配黄连，前者温中散寒止痛，后者清热燥湿，以吴茱萸之辛热制黄连之苦寒，两药同用和胃制酸，可治疗肠胃病所致的呕吐、吞酸、腹痛、泻痢等；枳实伍白术，前者破气消积，后者健脾和中，两者一补一泻相伍而用，可达健脾消痞之功效，可治脱肛等内脏弛缓无力之证；又如赤芍伍白芍，赤芍活血通络，白芍敛阴养血，两者一活一敛共达养血止痛、凉血清热的作用。

3. 增强疗效，派生新用

如苍术任玄参，苍术健脾燥湿，玄参滋肾养阴，以玄参之润制苍术之燥，两药伍用敛脾精而健中更强，消除犬、猫糖尿病之高血糖，其功益彰；瓦楞子伍鱼枕骨，瓦楞子能行血散结化痰，鱼枕骨可软坚散结，两者伍用可治疗各种结石症；地锦草伍仙鹤草，地锦草在《本草纲目》中名“地锦”，具有强心活血之功，仙鹤草止血凉血，两者合用可强心和血，治疗心跳过速其效甚显；又如以蝉蜕伍凤凰衣，可治疗猫、犬声嘶、音哑；菖蒲伍蝉蜕可治疗耳鸣、头响等皆属此类。

4. 提升互效，沟通导引

如细辛伍石膏，以细辛之辛散引石膏之甘寒，直达上焦以清其热；僵蚕伍白芷，僵蚕祛风通络，白芷祛风止痛，以白芷之辛散引僵蚕直达头面，祛风通络止痛，治疗风热痰浊瘀阻上焦所致的头痛或面部肌肉痉挛效果颇佳；又如羌活伍独活，羌活引独活走前，独活又可引羌活走后，一前一后直通足太阳膀胱经，可祛风通络止痛，治疗风痹所致的全身窜痛。

（三）影响配伍的因素

同一药对配伍，其功效并非一成不变，而是随不同的药物配伍其效应不同。两药相配，其功效一般是相对稳定的，如紫苑配款冬花能止咳化痰、金银花配连翘能清热解毒、川楝子配延胡索能理气活血止痛。但也有一些药物的配伍，或因剂量的增减，或因其配伍所处方剂的不同，其功效也会有所改变。

1. 剂量增减对配伍的影响

剂量增减，常是影响配伍功效的主要因素。究其原因，是由于药物剂量的增减，调整了配伍关系，改变了药物配伍的主次、从属地位，使它的主治重心亦随之转移，功效也就不同了。如桂枝汤、桂枝加桂汤与桂枝加芍药汤，三方药味相同，均以桂枝配芍药为主要配伍。但桂枝汤，桂枝与白芍用量相等，取其调和营卫，对动物太阳中风及营卫不和之证用之效好；桂枝加桂汤，其桂枝用量倍于白芍，不但御寒，且能制肾气而平降冲逆，治疗奔豚气效佳；桂枝加芍药汤，其白芍用量倍于桂枝，故能缓急止痛，治疗动物虚寒性腹痛尤为适宜。

2. 不同配伍对药效的影响

同一药物的配伍，可因所处药群环境不同而受到其他药的影响产生不同的功效。如在桂枝加附子汤中，桂枝配附子起温阳解表的作用，治疗动物阳虚外感较好；在甘草附子汤中，因配有苦温燥湿的白术，该方桂枝配附子则能温经散寒止痛，治疗动物寒湿痹痛病症效佳；在肾气丸中，用桂枝、附子配以滋养肾阴的熟地黄、山茱萸等药，有“阳得阴助而生化无穷”之妙用，该方中桂枝配附子能起温补肾阳的作用，治疗动物肾阳不足尤为适宜。

由此可见，方药的配伍从方法上有相辅相成和相反相成两类。同一对药物的配伍效应可随剂量的增减或所处药群环境的不同、主次从属地位的差异而发生改变。从配伍的目的来讲，也不仅仅是针对疾病而言，有的是为某些药物的性味太烈，以解毒、纠偏和防止副作用而设。总之，中兽医方药的配伍，是祖国兽医药学中的精华所在。掌握方药配伍的知识，不仅能知常达变，以应对畜禽各种复杂多变的病症，而且还可探其规律，创制新方。因此，我们必须要用辩证唯物主义和历史唯物主义的观点为指导，运用现代科学的方法，将药物配伍的延续性与变异性有机结合，将继承与创新高位对接，使之继承不泥古、万变不离宗。

二、用药禁忌

药物能防治人畜疾病，对人畜有利，但若应用不当，也可能损害机体，而对人畜有害。学习中药，对于其利弊关系要充分了解和掌握，临床应用才能得心应手，全面照顾。切忌粗心大意。关于用药禁忌，主要有如下几方面。

（一）配伍禁忌

关于配伍禁忌，前人所总结的配伍禁忌有“十八反”和“十九畏”。其所列的药物，早在汉代，张仲景就有相互配伍应用的案例，如“甘遂半夏汤”治留饮，就有甘遂配甘草用。历代用反药的案例不少，但目前仍有部分教科书将“十八反”“十九畏”列出作为初学者的必记反药。中药“十八反”“十九畏”在古代就有两种看法，现代临床和部分实验报道仍然是两种结果。对于历史遗留下来的用药经验，尚须进一步探讨，为慎重起见，现附录于此。

十八反：甘草反甘遂、大戟、芫花、海藻；乌头反贝母、瓜蒌、半夏、白蔹、白及；藜芦反人参、沙参、丹参、玄参、细辛、芍药。

十九畏：硫黄畏朴硝；水银畏砒霜；狼毒畏，密陀僧；巴豆畏牵牛；丁香畏郁金；川乌、草乌畏犀角；牙硝畏三棱；官桂畏赤石脂；人参畏五灵脂。

（二）胎娠用药禁忌

母畜在妊娠期间，应注意用药，凡对胎儿有害的应特别注意。根据其对胎儿的损害程度，一般分为禁用和慎用两类。

1. 禁用

凡峻烈性的药物应禁用。《兽药规范》所列胎娠禁用药有：了哥王、三棱、土鳖虫、马钱子、马鞭草、千金子、川木通、关木通、川乌、天南星、王不留行、巴豆、刘寄奴、芒硝、肉桂、红花、芫花、苏木、附子、卷柏、虎杖、珍珠、透骨草、牵牛子、余粮石、益母草、莪术、辣蓼、斑蝥、酢浆草、瞿麦、藜芦等36种。

2. 慎用

凡滑行、破血、破气的药物属慎用范围。《兽药规范》记载慎用药有：小通草、大黄、山芝麻、川牛膝、五灵脂、天仙子、半边莲、延胡索、芦荟、吴茱萸、牡丹皮、郁李仁、洋金花、草乌叶、钩吻、急性子、通草、雄黄、蒺藜、路路通、漏芦、赭石、蟾酥等24种药物。

凡标有胎娠禁用的药物，原则上不能使用，慎用的药物应根据具体情况斟酌使用。但有的孕畜的某些病，在不使用某些禁用药而病不去者，一方面应注意保胎，另一方面要抓主要矛盾，积极使用，掌握好配伍用量，一般是不会有堕胎弊害的。故《素问·六元正纪大论》说："有故无殒，亦无殒也。"

《元亨疗马集》胎娠禁忌歌诀："蚖斑水蛭及虻虫，乌头附子配天雄；野葛水银并巴豆，牛膝薏苡与蜈蚣；三棱芫花代赭麝，大戟蝉蜕黄雌雄；牙硝芒硝牡丹桂，槐花牵牛皂角同；半夏南星与通草，瞿麦干姜桃仁通；硇砂干漆蟹爪甲，地胆茅根都不中。"

3. 忌铜或忌铁

（1）铜铁皆忌的有地黄、肉豆蔻、玄参、益母草等。

（2）忌铁的药物有人参、五味子、山药、石榴皮、朱砂、何首乌、菖蒲、茜草根、龙胆草、瓜蒌、芍药、麻黄、牡丹皮、知母、香附子、藜芦、槐花、商陆、雷丸、皂角、甘遂、猪苓、苦楝子、刺蒺藜、桑寄生、雄黄等。

4. 服药宜忌

有些药物虽然没有毒性，但若应用不当，仍可贻误病程，因此有些药物书籍特在有关药物项下注明"宜忌"。总体来说，寒凉药物易损阳，辛热药物易耗阴，攻克药物易伤正，滋补药物常恋邪等，这在临床上尤须注意。

第五章　中药的应用

本章为中药的应用，第一节介绍中药的各种剂型；第二节介绍中药的剂量，分析了剂量与药性、疗效的关系，剂量与病情的关系，以及剂量与用药对象的品种、年龄、体质等的关系；第三节介绍中药的用法。

第一节　中药的剂型

剂型是根据家畜病证的需要，将中药制成与之相适应的各种制剂形态。历代医家经过长期的临床实践，创造了多种剂型。在《内经》收载的 13 方中，就有汤、丸、散、膏、酒等剂型。中兽医药物的剂型最早见于《汉简》中，有汤、膏、丸剂。其后的《齐民要术》中有汤、丸、散、膏、酒和熏烟剂等。随着医药事业的发展和对中药有效化学成分的研究及临床药理实验，除传统的中药剂型外，又增加了许多新剂型，如针剂、片剂、冲剂、糖浆剂等。目前，中药的剂型改革总的趋向是向“三小”（毒性小、反应小、用量小）、“三效”（高效、速效、长效）、“五方便”（便于运输、携带、生产、使用、保存）的方向发展。通过剂型的改革和创造新药，不但提高了疗效，还减少了药材的消耗，向中西兽医结合迈出了一步。现将中兽医目前常用的剂型简介于此。

一、汤　剂

汤剂是把中药饮片混合，加一定的水浸泡、煎煮后，去渣取汁的液体剂型。它是最古老的剂型之一，目前仍广泛使用，适用于一般疾病或急性病，分内服和外用两种。汤剂的特点是：吸收快，见效快，可随病情变化调整药物，增减分量，制作简单，用具简便，容易掌握，便于普及。其缺点是：只宜单剂煎煮，不能成批生产；不溶物或药渣较多，浪费大，易腐败变质，不能久存，不便携带。

汤剂的煎药器具一般以砂锅、瓦罐、搪瓷器皿为好。煎药时把药物放入煎药器内，先加入适量的水湿润 15 min，再加入方剂上规定的清洁饮用水（河水、井水、山泉水），其量以没过药物饮片为度。第一煎比第二煎用水要多。一般平均每克中药需加水 10 mL，将计算所得总水量的 70% 用在第一煎中，余下的 30% 在第二煎用。煎药时的火候，常随病证或处方要求而定。对于补养药一般宜用文火缓煎，使药汁浓厚；对于解表药、攻下药宜用武火急煎。煎药时间，一般先用冷水浸泡 15~30 min，置火煎煮，时加搅拌，沸前用大火，沸后用小火，保持微沸 20~30 min，即可过滤。将药渣再加水煮沸，保持微沸 15~20 min，过滤，合并两次滤液，分次内服。

在汤剂制作中，某些药物须特殊处理，如先煎、后下、包煎、另煎、冲服、另溶（烊化）、生汁兑服、煮水煎等，应如法处理，不能简单从事，以免影响药效。

（1）先煎药。青果、生川乌、草乌、生附子、生南星、生半夏、牡丹皮、桑白皮、火麻仁、枣仁、猪苓、赤小豆、瞿麦、葛根、天竺黄、海马、茯苓、白花蛇、穿山甲、鹿角、虎骨、豹骨、玳瑁、鳖甲、龟板、蛤壳、珍珠母、龙齿、龙骨、牡蛎、瓦楞子、禹余粮、自然铜、阳起石、寒水石、钟乳石、紫石英、白石英、代赭石、石膏、何首乌、三七、熟地、黄芪、菟丝子、杜仲、枸杞子等，常用武火先煎 15~30 min。

（2）后下药。乳香、没药、苏合香、降香、檀香、沉香、木香、丁香、茴香、薄荷、荆芥、金银花、红花、菊花、槐花、鸡冠花、白梅花、玫瑰花、月季花、荷花、厚朴花、辛夷花、木槿花、香薷、荷叶、鹅不食草、细辛、藁本、青蒿、葱白、鱼腥草、紫苏、泽兰、佩兰、石菖蒲、白芷、大青叶、大黄、山柰、板蓝根、肉桂、桂枝、益智仁、牛蒡子、乌药、钩藤、番泻叶、银杏叶、大小蓟、砂仁、豆蔻、草果等含挥发油成分或不耐高热成分的药物，一般在煎毕前 10~15 min 下。

（3）包煎药。旋覆花、地肤子、车前子、紫苏子、浮小麦、滑石、琥珀、玳瑁、五灵脂、蚕沙、夜明砂、枇杷叶，蒲黄、松花粉、青黛、海金沙、百草霜、六一散、益元散等。这些药有的有细毛易混悬于药液中，内服后易致咳嗽；有的易沉底煎焦；有的煎后成糊状不易过滤。

（4）另煎药。人参、鹿茸、石斛、大黄、羚羊角、犀角、三七等，应另煎取汁再兑入其他药液中服。

（5）冲服药。麝香、马宝、狗宝、熊胆、猴枣、鹿茸、犀角、牛黄、羚羊角、珍珠、雄黄、朱砂、琥珀、血竭、元明粉、硝石、芒硝、白胡椒、竹沥、三七粉、肉桂、砂仁、豆蔻、甘遂、芫花、儿茶、雷丸、大黄、贝母、沉香、白及、人参等贵重、量少，具挥发性，易溶性药，可研成细末，待汤煎成后，灌药时投灌。

（6）另溶（烊化）药。阿胶、龟板、鳖甲、鹿角胶、二仙胶、虎骨胶、露天胶、熊胆、白胶香、安息香油、蜂蜜、饴糖等可溶性或胶体物，一般隔水溶化兑入药液中服。

（7）生汁兑服药。西瓜、雪梨、竹沥、荆沥、生姜、大蒜、鲜生地、鲜玄参、鲜葛根、鲜菖蒲、鲜茅根、鲜芦根等，可绞汁兑汤服。

（8）煮水煎药。伏龙肝、黄土、荷叶、土茯苓、浮小麦、茵陈、瓜蒌皮、丝瓜络、灯芯草、大腹皮等吸水量大的药，宜先去渣后入其他药再煎。

二、散　剂

散剂是由一种或数种中药制成的混合均匀的干燥粉末制剂，是古老的剂型之一。《司牧安骥集》《元亨疗马集》中多用这类剂型。散剂的优点：制法简单，剂量可随意控制；稳定性高，发挥疗效较丸剂、片剂快；应用方便，可减少汤剂的煎药时间；可避免某些易挥发成分的丧失；对黏膜、创面有保护和收敛作用；便于贮存、携带、运输。其缺点是：存在分量上的麻烦，药量大，不便于服用；凡有腐蚀性、挥发性、易吸湿变质的药物，不宜制成散剂；不易粉碎的药物如玄参、生地、熟地、肉苁蓉等不宜制成散剂。

散剂分内服与外用两种。内服散剂，一般用清水、温水浸湿调匀，必要时加上温酒、童便、蜂蜜、油类等灌服。外用散剂多用醋、油、酒或水调匀外敷。

三、酒　剂

酒剂一般称药酒，是一种将药物浸泡在白酒或黄酒中，经过一定时间去渣用的剂型，分内服和外用两种。酒剂主要是借酒的辛热善行之性，促使药物更好地发挥其药效，通常用来活血祛瘀，祛风除湿，或滋补强壮等。不溶于酒的药物不宜作酒剂。

四、膏　剂

膏剂是将药物用水或植物油煎熬浓缩而成的剂型，有内服和外用两种。

（一）内服药膏

常常是煎膏剂，就是将药物加水加热煎煮后去渣浓缩，加入蜂蜜或糖而成。多半是滋补性的药物作膏剂，又称为膏滋，用于体弱病畜。

（二）外用药膏

分软膏药和硬膏药。

1. 软膏药

软膏药是用适当的基质（如凡士林）与药物细粉均匀混合制成的一种容易涂布于皮肤或黏膜的半固体外用制剂。因基质在常温下是半固体，具有一定的黏稠性，涂于皮肤能渐渐溶化，有效成分可被吸收，呈现缓和的疗效。一般多用于跌扑肿痛或风湿痹痛、痈肿等，如紫草膏、黄连软膏。

2. 硬膏药

硬膏药是用肥皂或麻油作基质，经过特殊处理，加入药料而成的暗黑色膏药，涂于布或纸等材料上，供贴敷于皮肤的外用剂型。有局部治疗作用，常用以治跌打损伤、风湿痹病、痈痛等。

五、丹　剂

丹剂多指用汞等多种药物经过文武火加热升华而成的一种化合制剂，如外用的红升丹、白降丹、九龙丹等，但目前由于临床应用需要，习惯将某些贵重药材制成有特殊功效的药物剂型，亦称之为丹，多作内服用。可见丹药并非为一种固定的外用剂型。

六、针　剂

针剂又称注射剂，系将中药经提取、精制、配制等步骤制成的灭菌溶液，供皮下、肌肉、静脉注射用的一种制剂。具有剂量准确，作用迅速，给药方便，药物不受消化液和食物的影响，能直接进入机体组织等优点。制备注射剂应以科学的态度慎重地对待，根据其制备工艺流程，严格各项操作，否则不仅浪费药材，更重要的是易造成医疗事故。

第二节　中药的剂量

剂量一般是指某一味中药用于某一个体防治疾病时一次的用量。在药物构方配伍时，还存在一个药物之间的用量比例，有时称为相对剂量。另外，有时剂量可能指构成一个方剂的所有药物用量的总和，如一些中成药散剂，在表述其用量时，多指全方总量。中药应用的剂量是否得当，是确保用药安全有效的重要因素之一。

直接使用原药材时，可参考《中华人民共和国兽药典》或相关教科书中给出的用药剂量范围。同时，结合中药本身的药性、配伍和用药对象的病情、品种、年龄、体质、体重等因素综合确定。中成药的用药剂量在说明书上均有标示，使用时按说明书计算给药即可。

一、剂量与药性、疗效的关系

剂量合适有利于药物充分发挥应有的疗效。一般来说，性质平和的药物用量稍多时反应不大，性质峻烈的药物用量大则易产生毒、副作用，甚至中毒死亡，所以应严格控制其剂量。

二、剂量与病情的关系

若病势重剧，用药力弱、药量轻，则疗效不佳；若病势轻，用药力猛、药量大，则易损正气。因此，药物的剂量应根据病情需要恰到好处，尽量做到祛邪而不伤正，扶正而不留邪。

三、剂量与用药对象的品种、年龄、体质等的关系

畜种不同，其体格大小不同，对药物的反应和耐受性有很大差别。同种畜禽，幼龄、老龄和成年畜禽也有差别，成年畜禽用药量可稍大，幼龄、老龄畜禽用药量应相对减少。孕畜、哺乳家畜用药剂量亦须慎重。体格健壮的家畜对药物耐受性强，剂量可稍重；体质虚弱的家畜对药物耐受性差，剂量宜稍轻。

如表 5-2-1 所示，为不同种类动物用药剂量之间的比例，以供参考。

表 5-2-1　不同种类动物用药剂量比例

动物种类	用药剂量比例
马（体重 300 kg 左右）	1
黄牛（体重 300 kg 左右）	1/4~1
水牛（体重 500 kg 左右）	1/2~1
驴（体重 150 kg 左右）	1/3~1/2
羊（体重 40 kg 左右）	1/6~1/5
猪（体重 60 kg 左右）	1/8~1/5
犬（体重 15 kg 左右）	1/16~1/10
猫（体重 4 kg 左右）	1/32~1/20
鸡（体重 1.5 kg 左右）	1/40~1/20

第三节　中药的用法

中药的用法多种多样，大体上可分为非经口给药和经口给药两大类。经口给药又称内服、口服、灌服、投服、舐服等，药物作用于胃肠道或经胃肠吸收后发挥作用。用胃导管经口或鼻插入食道投灌药也属于经口给药。非经口给药指除经口给药之外的其他给药方式，如注射、喷涂、敷撒、吸入、埋置、点眼、吹鼻、灌注、灌肠、药浴、熏蒸以及鱼虾类水体用药等。

随着养殖规模化和集约化，群体用药被越来越多地采用。目前使用较多的群

体用药方法是混饲或混饮，即将药物拌入饲料或溶于饮水中给药。目前，中药在兽医临床上应用仍以汤剂、散剂灌服为主，汤剂的用法简介如下。

一、煎药法

（一）煎药用具

以砂锅、瓦罐为好，搪瓷罐次之，大量煎煮时也可以用铝锅。忌用铜铁锅，以免发生化学反应。

（二）煎煮方法

将药材浸泡 30~60 min，用水量以高出药面为度。一般中药煎煮两次，第二煎加水量为第一煎的 1/3~1/2。两煎合并去渣混合服用。煎煮火候和时间视药物性能而定。一般解表药、清热药宜武火短煎，煮沸后煎 3~5 min 即可；补养药文火慢煎，煮沸后文火 30~60 min。某些药物因其性能、质地不同，煎法较特殊，包括先煎、后下、包煎、另煎、烊化、泡服、冲服、煎汤代饮水等。

（1）先煎：一些有效成分难溶于水的矿物、金石、贝壳类药物，应打碎先煎沸 20~30 min，再下其他药物同煎。如赭石、生石膏、龟甲等。此外，附子、乌头等毒副作用较强的药物，宜先煎沸 40~60 min，再下其他药物。

（2）后下：一些气味芳香的药物，久煎其有效成分易挥发或遭到破坏而降低药效，须在其他药物煎沸 5~10 min 后再入，如薄荷、木香、大黄等。

（3）包煎：一些粉末状及带绒毛的药物宜装袋人纱布内与其他药物同煎，如滑石、车前子、旋覆花等。

（4）另煎：某些贵重药材，如人参、鹿茸等，单独煎汁内服或与其他煎液混合服用。

（5）烊化：胶类药物或黏性大的药物，煎时易粘锅底或黏附于其他药物上，需单用水或黄酒加热溶化后，混入其他药物煎液中服用，如阿胶、蜂蜜、龟胶。

（6）冲服：某些贵重药材小剂量使用时，为防止散失，常研成细末用温开水或其他药物煎液冲服，如牛黄、珍珠、人参等。

二、服药方法

（一）灌药时间

除急病、重病需尽快用药外，空腹服药吸收较快，可直接作用于胃肠，对于急病、脾胃病或虫积时，比较适宜；饱腹服药吸收较慢，对于刺激性较大的药物或慢性病较合适。

（二）灌药次数

一般是每日 1~2 次，急症时可灌多次，病情危重宜少量频服，呕吐动物可浓煎少量频服。应用发汗、泻下、清热药时，若药力较强，需注意动物个体差异，一般得汗、泻下、热降即停，不必尽剂，以免汗、下、清热太过而伤正气。

（三）药液温度

一般是治疗寒证的热性药宜温服，治疗热证的寒性药宜凉服。此外，冬季宜稍温，夏季可稍凉。

第六章　中药的化学成分

本章为中药的化学成分，第一节从多个角度说明研究中药化学成分的意义，第二节介绍中药化学成分的种类，第三节介绍中药的有效化学成分合成及应用。

第一节　研究中药化学成分的意义

经过我国古代医家长期的临床实践，不但肯定了中药的疗效，而且还意识到起治疗作用的是中药所含的某种化学物质。这表现在重视“道地药材”，讲究采集、保存、炮制及制剂的选择上，以保其“性味”，保证疗效。再如古代对丹药，酒、醋制剂，百药煎（五倍子制剂）等的制取和应用，充分证明我国古代劳动人民早已在生产和医学实践中进入了化学领域。但由于历史的原因和科学发展水平的限制，古人不能进一步回答各种中药所含的确保疗效的某种物质究竟是什么。

要准确回答这个问题，就要依靠中药化学来完成。中药化学就是用化学的知识和方法研究中药化学成分（主要是有效成分）的一门科学。从中药化学的观点看，所有中药均由化学成分（物质）组成，确保中药疗效的某种（某些）物质就是中药所含的某种（某些）有效成分。

研究中药的有效化学成分，有以下几方面的意义。

一、探索中药防治原理，推动中西兽医理论结合

通过对中药有效成分的分离提取，并结合药理研究和临床实践，可以测定药物在机体内的吸收、分布和排泄过程，研究有效成分的化学结构与疗效和毒性的关系，进一步弄清中药防治疾病的作用原理。在此基础上，又可进行有效成分的化学合成或结构改造，为设计开发新药开辟途径。

二、改进药物剂型，提高临床疗效

中药有效成分的提取，无效和有毒成分的去除，使所得成分能显示出更高的疗效，有利于制成“三小”“三效”“五方便”的药物剂型。

三、控制中药及其制剂的质量

中药能否发挥防治疾病的作用，在于有效成分的存在与否和含量的多少。而有效成分的含量是根据产地、采集季节和加工方法的影响而变化的。因此，临床疗效也随之不同，制剂质量也不易稳定。如果对中药的有效成分有所了解，就可以通过测定该有效成分的物理常数或含量的多少来鉴定中药品质的优劣，进而控制其制剂的生产质量。

四、提供合理的炮制、采集和贮藏的科学根据

中药的炮制是通过各种方法如日晒、加热、水浸及酒、醋、盐、药汁等辅料处理，使其中所含的成分产生各种不同的化学变化，从而增强疗效，减少副作用。因此，研究中药炮制前后化学成分的变化，有助于阐明中药炮制的原理，改进炮制方法。中药因产地、采收季节以及药用部位的不同，有效成分的含量差异很大。当我们掌握了植物性中药在生长过程中有效成分的变化规律，就能在最适宜的时间内进行采集。中药在贮藏过程中受温度、日光、空气、蛀虫等影响，常会破坏其有效成分，使其部分或全部失效。我们可根据中药所含成分的特性，采用不同的贮藏方法，保证药物的质量。

五、开辟药源，降低成本

当从某种中药中分离出有效成分后，可根据植物的亲缘科属关系，寻找具有相同成分的植物，以扩大药物资源。有些中药的资源较缺，或者其有效成分极微，可以用合成的方法进行生产。也可以改变其结构，设计新的合成药物，以满足临床的需要。

第二节　中药化学成分的种类

中药所含的化学成分多种多样，其结构也极为复杂。有些成分是一般高等植物普遍共有的，如糖类、油脂、脂类、蜡、酸、蛋白质、氨基酸、维生素、色素、树脂、无机盐类等；另一些为某些中药所特有，如生物碱类、黄酮类、强心苷、皂苷、挥发油、有机酸等，而且大多具有显著的生理活性。通常将中药成分分为有效成分和无效成分。有效成分是指目前已知具有特殊的医疗效用或生物活性的物质，如麻黄碱、小檗碱、黄芩素、薄荷醇等。能用一定的分子式或结构式表示，并具有一定的熔点、沸点、旋光度、溶解度等理化常数的有效成分又称有效单体。尚未提纯成单体的有效成分一般称为有效部分或有效部位。无效成分是指目前尚未发现其药用价值的其他化学成分。随着研究的深入开展，中药成分的更多药理作用将被揭示。

一、生物碱类

生物碱是自然界中广泛存在的一大类碱性含氮化合物，具有广泛的生理功能，是许多药用植物的有效成分。目前运用于临床的生物碱药品已达 80 种之多，相当多的生物碱具有抗肿瘤活性、低毒性和成本低之特性，因而引起了人们的广泛关注。

（一）生物碱的性质

生物碱的分子结构多属于仲胺、叔胺或季铵类，少数为伯胺类。它们的构造中常含有杂环，并且氮原子在环内，难溶于水，与酸可形成盐，有一定的旋光性与吸收光谱，大多有苦味，呈无色结晶状，少数为液体。生物碱有几千种，由不同的氨基酸或其直接衍生物合成而来，是次级代谢物之一，对生物机体有毒性或强烈的生理作用。游离生物碱极性较小，一般不溶或难溶于水，能溶于有机溶剂。它们的盐类大多易溶于水及醇。多数生物碱具有旋光性，大多是左旋的，具有明显的生理效应。

（二）生物碱的分类

生物碱的分类方法有多种，常根据生物碱的化学构造进行分类。近年按生源途径结合化学结构类型可分为鸟氨酸系生物碱（主要包括吡咯烷类、莨菪类、吡咯里西啶类生物碱）、赖氨酸系生物碱（主要有哌啶类、喹诺里西啶类和吲哚里西啶类生物碱）、苯丙氨酸和酪氨酸系生物碱（主要包括苯丙胺类、异喹啉类、苄基苯乙胺类等生物碱）、色氨酸系生物碱（主要有简单吲哚类、色胺吲哚类、半萜吲哚类、单帖吲哚类生物碱）、邻氨基苯甲酸系生物碱（主要包括喹啉和吖啶酮类生物碱）、组氨酸系生物碱（主要为咪唑类生物碱）、萜类生物碱（包括单帖类、半萜类、二萜类、三萜类生物碱）、甾体类生物碱等。

生物碱大多根据它所来源的植物命名。例如，麻黄碱是由麻黄中提取得到而得名，烟碱是由烟草中提取得到而得名。生物碱的名称又可采用国际通用名称的译音，例如，烟碱又叫尼古丁（nicotine）。

（三）药理作用

（1）抗菌、抗病毒、杀虫作用。苦参生物碱对 HBV 有强有力的抗病毒活性。HBV 转基因鼠用氧化苦参碱治疗后，肝内 HBsAg 和 HBeAg 的量与对照组相比均有明显下降。氧化苦参碱在人体同样有抗 HBV 活性。苦参生物碱对 HCV 病毒亦有抑制作用。小檗碱对革兰氏阳性和阴性细菌、原虫及各型流感病毒、新城疫病毒、真菌类均有抑制作用，对钩端螺旋体在试管中有相当强的杀灭作用。在体内外小檗碱均有抗阿米巴原虫的作用，机理在于抑制微生物 DNA 及蛋白质合成。

（2）抗肿瘤作用。从石蒜科几种植物中分离得到 20 余种生物碱，其中，伪石蒜碱具有抗肿瘤活性；豆科植物苦豆子根茎中获得的槐果碱也有抗癌作用。10- 羟基喜树碱、10- 甲氧基喜树碱、11- 甲氧基喜树碱、脱氧喜树碱和喜树次碱等，对白血病和胃癌具有一定疗效。而从卵叶美登木、云南美登木、广西美登木及它们亲缘植物变叶裸实中分离得到美登素、美登普林和美登布丁等 3 种大环生物碱，具有较好抗癌活性。掌叶半夏在民间用于治疗宫颈癌，其中含葫芦巴碱，对动物肿瘤有一定疗效。从三尖杉、篦子三尖杉和中国三尖杉中分离出近 20 种生物碱，其中，三尖杉酯碱和高三尖杉酯碱对急性淋巴性白血病有较好疗效。

（3）免疫调节作用。苦参生物碱具有免疫调节作用，主要是免疫抑制作用，他们在动物体内对 T 细胞、B 细胞和巨噬细胞的免疫功能活性均有明显抑制作用。氧化苦参碱对人和小鼠淋巴细胞的增殖有抑制性。苦参碱、氧化苦参碱和槐胺碱能显著抑制 T 细胞依赖的血清 SRBC 抗体反应。这些生物碱对 T 细胞介导的肿瘤免疫和血清溶霉菌酶活性也有抑制作用。苦参总碱能对抗免疫抑制剂的作用，恢复并促进受抑制的细胞产生干扰素。雷公藤总生物碱对小鼠体液和细胞免疫也有不同程度的抑制作用。雷藤春碱和雷藤新碱对免疫功能的影响与环磷酰胺相似，对非特异性免疫功能也有影响。从雷公藤中分得一个新的倍半萜生物碱，药理实验表明，该生物碱有免疫抑制活性，并对白血病细胞有抑制作用。

（4）对心血管系统的作用。小檗碱可以对抗毒毛花甘、氯化胆碱、氯化钙和氯仿－肾上腺等药物及冠脉结扎、缺血－再灌注等所致的大鼠实验性心律失常。临床上小檗碱对室性、室上性心律失常有较好的治疗作用。运用双微电极电压钳技术观察到小檗碱对大浦肯野纤维延迟激活的钾离子流（TV）有阻断作用，并呈浓度依赖性，因此，阻断延迟激活钾通道（KV）可能是小檗碱延长、发挥抗心律失常作用的重要机制之一。从钩藤提取的钩藤碱、钩藤总碱等，无论对麻醉或不麻醉动物、血压正常或高血压动物，皆能引起明显的降压效应。将大鼠麻醉后经颈部动脉插管记录外周血压和经股静脉微量输注实验用药，结果表明，钩藤中 4 种成分均有降压作用，降压强度的强弱顺序为异钩藤碱（平均动脉压降低 42.0%）＞钩藤碱（32.1%）＞钩藤总碱（21.3%）＞钩藤非生物碱（12.4%）。

二、苷　类

甘类即糖苷，旧称甙或配糖体，是一类受到稀酸或酶水解产生糖和非糖部分的化合物。非糖部分称为苷元（配糖基）。苷元可以是多种多样的化合物，如醇、酚、酮、蒽醌、黄酮类、甾醇类、三萜类等。苷类大多是无色、味苦的中性结晶体。其溶解度差别很大，一般来说，能溶于水或乙醇，多数能溶于氯仿和醋酸乙酯，难溶于苯和醚。苷类在酸性溶液中加热或在常温下（35℃左右）遇到植物中相应的酶，即发生水解，产生苷元和糖。苷类分解成苷元后，多数在水中溶解度大为下降，疗效也相应降低或丧失，因此在提取此类有效成分时，应注意将酶破坏，一般用沸水煮或60%以上的醇处理。

苷溶液呈中性或酸性，若遇中性或碱性醋酸铅则产生沉淀。

苷的种类很多，常见的有强心苷、皂苷、黄酮苷、蒽苷、香豆精苷、氰苷类、酚苷类、含硫苷类等。由于其苷元不同，各类都有其不同的生理活性。苷在中药中分布很广，是一类重要的化学成分。

（一）强心苷

强心甘是由强心苷元与多种不同的糖结合而成的一类苷，是一种天然存在的对心脏具有显著生理作用的苷类。小剂量能使衰弱的心脏功能改善，大剂量能使心脏停止跳动。含强心苷的植物有夹竹桃、毒毛旋花子、铃兰、万年青、杠柳、洋地黄、罗布麻等。

（二）皂　苷

皂苷又名皂素，是一类比较复杂的苷类。其水溶液振摇时能产生持久性蜂窝状泡沫，与肥皂相似，故名皂苷。

皂苷是一种白色粉末，味苦而辛辣，对黏膜有较强的刺激性。能溶于水、醇，不溶于乙醚、氯仿等有机溶剂。但皂苷元不溶于水，可溶于乙醇、氯仿等。皂苷有溶血作用，不能做注射剂，但口服无毒性。皂苷口服液可刺激呼吸道黏膜，反射性地引起呼吸道黏膜分泌增加，使痰液变稀，故含皂苷的中药可做祛痰药。含有皂苷的中药有皂角、甘草、人参、枇杷叶、桔梗、远志、瓜蒌、白前、麦冬、重楼、知母等。皂苷的主要作用为祛痰止咳，少量可增进食欲，并增强呼吸功能，大剂量可引起呕吐。有的皂苷还有降压、抗菌作用，或肾上腺皮质激素样作用。

（三）黄酮苷

黄酮苷又叫黄碱素，其苷元为黄酮类，是植物界分布很广的一类黄色素。多为黄色粉末，难溶于冷水，可溶于热水、稀醇、稀碱液中。含黄酮苷溶液遇中性或碱性醋酸铅则发生沉淀。

含黄酮苷的中药有黄芩、槐花、葛根、毛冬青、山豆根、广豆根、满山红、红花、旋覆花、芫花等。黄酮类是很有发展前途的一类成分，有显著的抗菌、抗病毒、利尿、增强毛细血管抵抗力、扩张冠状动脉、抗肿瘤、祛痰止咳等作用。

（四）蒽　苷

蒽苷的苷元为蒽醌类。蒽醌类是呈黄色或橙黄色的晶体，易溶于水。游离的蒽醌类化合物难溶于水，易溶于有机溶剂。含蒽醌类化合物的中药有大黄、虎杖、何首乌、决明子、红大戟、茜草、望江南、芦荟、番泻叶等。蒽醌苷类和蒽醌类除具泻下作用外，尚有抗菌、止血作用。

（五）香豆精苷

香豆精甘的苷元为香豆精类。苷元及苷类多具结晶形状。苷元有芳香气，具挥发性。多数香豆精苷无香气，也不具挥发性。能溶于水、醇、苛性碱液。含香豆精的中药有白芷、补骨脂、秦皮、独活、前胡、北沙参、矮地茶、茵陈等。香豆精苷和苷元的已知作用有：镇痛、麻醉、抗菌、抗肿瘤、止咳平喘、利胆、利尿、降压等。

（六）氰苷类

氰苷类水解后可放出氢氰酸，又叫腈苷类。它在水中溶解度大。氢氰酸是能溶于水的剧毒气体。小量的氢氰酸有镇咳作用并对呼吸中枢有镇静作用；大量则麻痹呼吸中枢而中毒致死。含氰苷的中药有杏仁、桃仁、枇杷仁等。

（七）酚苷类

如熊果苷、水杨苷、牡丹酚苷、牛蒡子苷、土大黄苷、虎杖苷。含酚苷类的植物药有垂柳、丹皮、牛蒡子、何首乌、虎杖等。酚苷或其水解产物有抗菌、解热、抗风湿、镇痛、降压、利尿等作用。

（八）含硫苷类

如黑芥子苷、白芥子苷。其水解产物中苷元多为挥发性且具有特殊气味的异硫氰酸的酯类，如芥菜子、白芥子、萝卜等。外用可作发赤剂，内服能增进食欲，并有祛痰的作用。

三、挥发油类

挥发油又称精油，是一类具有挥发性、可随水蒸气蒸馏出的油状液体。多为无色或淡黄色，具特殊芳香气和辛辣味，常温下可挥发。难溶于水，能溶于无水乙醇、乙醚、氯仿和脂肪油中。注射剂如薄荷水、鱼腥草注射液等。在低温时，挥发油可析出结晶物质，通常称为“脑”，如薄荷脑、樟脑。含挥发油的中药如薄荷、紫苏、青蒿、藿香、金银花、白术、木香、菊花、当归、川芎、陈皮、花椒、肉桂、郁金、生姜、鱼腥草等。挥发油具有发汗、祛风、抗病毒、抗菌、止咳、祛痰、平喘、镇痛、健胃等作用。

四、鞣　质

鞣质又称单宁，目前认为是由没食子酸（或其聚合物）的葡萄糖（及其他多元醇）酯、黄烷醇及其衍生物的聚合物以及两者混合共同组成的植物多元酚，是植物界中分布非常广泛的一类大分子的复杂酚类化合物。因为它能与皮质中的蛋白质结合，使皮质致密、柔韧，可用来鞣皮，故称为“鞣质”，又因多半带酸性，又称“鞣酸”。鞣质多存在于植物的根、枝、树皮、叶、果实中，花及种子中甚少见到，一年生草本植物中含得较少。

（一）鞣质的性质

为非晶形棕色粉末，味涩。可溶于水、醇、丙酮、乙酸乙酯中，不溶于无水醚、苯、氯仿、石油醚。水溶液呈胶体状态，容易氧化而颜色加深，加入多量盐类，能将鞣质析出。水溶液遇三氯化铁等高铁盐产生蓝黑色或蓝绿色反应或沉淀。在制备鞣质的药物时，应避免与铁器过多接触，也要避免与蛋白质、重金属盐、生物碱、有机胺等配伍。注射液中如含有鞣质，往往引起刺激，甚至肌肉坏死，所以一般须设法事先将鞣质除去。水溶液遇重金属盐（Pb、Ag、Zn、Cu 等）、蛋白质或生物碱能生成沉淀。所以，在提取工作中也有用醋酸铅沉淀鞣质的。

（二）分　类

由于鞣质往往是多种近似化合物的混合物，而且大多是极性较强的无定性物质，所以很难提纯。根据其化学结构特征而分为三大类。

（1）可水解鞣质。此类鞣质有类似苷的性质，可被酶或酸水解生成糖和没食子酸，如五倍子、石榴皮、大黄、桉叶中含此类鞣质。

（2）缩合鞣质。此类鞣质不能被水解，加酸久煮即缩合成“鞣红”，如苹果肉暴露在空气中变成红棕色，即因氧化生成“鞣红”的关系，如槟榔、桂皮、钩藤、茶叶中即含缩合鞣质。

（3）复合鞣质。即水解鞣质和缩合鞣质的结合体，如山茶、番石榴属中的山茶素 B、山茶素 D 及番石榴素 A。

（三）药理作用

鞣质的多元酚类结构赋予它一系列独特的化学性质，使它受到了国内外广泛的关注。

（1）止泻止血作用。鞣质具收敛性，用作收敛药，内服可用于治疗胃肠道出血、溃疡和水泻等症；外用于创伤、灼伤，可使创伤后渗出物中蛋白质凝固，形成痂膜，可减少分泌和防止感染，鞣质能使创面的微血管收缩，有局部止血作用。

（2）抑菌抗病毒作用。鞣质能凝固微生物体内的原生质，故有抑菌作用，有些鞣质具抗病毒作用，如贯众能抑制多种流感病毒，青蒿鞣质具有抗病毒的活性。

（3）解毒作用。鞣质可用作生物碱及某些重金属中毒时的解毒剂。

（4）其他作用。鞣质具较强的还原性，可清除生物体内的超氧自由基，延缓衰老。此外，鞣质还有抗变态反应、抗炎、驱虫、降血压等作用。植物中的鞣质化合物对预防肿瘤和控制肿瘤进一步恶化有一定的作用。一些水解鞣质，如鞣酸、云实素、贾木鞣花素、诃子酸本身有降低血压的作用，提纯物活性高于原草药煎剂。鞣质有抑制骨质疏松的作用，并且不用担心不良反应，将来可用于骨质疏松的预防和治疗。

五、树脂类

树脂是高等植物体内的代谢产物，大多与挥发油、树胶、有机酸等共存。与挥发油共存者称为油树脂，如松油脂；与树胶混合存在者称为胶树脂，如阿魏、没药；与有机酸混合存在的称香树脂，如松香；与芳香酸、挥发油混合者称香树脂类，如苏合香、安息香；与糖结合为苷形式存在者称糖树脂，如牵牛子脂。树脂类常为无定形固体，质脆，受热时先软化后变为液体。燃烧时产生浓烟，并具有特异的香味，不溶于水而溶于乙醇等有机溶剂。

树脂在医药方面常作为防腐剂、刺激剂、泻下剂等；也有些用于外伤科，如血竭、乳香、没药等有活血止痛、散瘀生肌作用；也有用作硬膏药的基础剂。通常中药含有少量树脂，会影响其他成分的提纯，可利用树脂的溶解性将其除去，即将中药乙醇提取液回收乙醇后，残留物用水处理，树脂不溶解，可滤去。要除去水提取液中的少量树脂，可加醋酸铅溶液或碱式醋酸铅溶液使其沉淀后滤去。

六、有机酸

有机酸（organic acid）是一类含有羧基（–COOH）的有机化合物（氨基酸除外），广泛存在于植物的叶、花、茎、根、果实等部分，如乌梅、五味子、覆盆子等。

（一）性　质

有机酸多溶于水或乙醇，呈显著的酸性反应，难溶于其他有机溶剂，有挥发性或无。在有机酸的水溶液中加入氯化钙或醋酸铅或氢氧化钡溶液时，能生成水不溶的钙盐、铅盐或钡盐的沉淀。如需自中草药提取液中除去有机酸常可用这些方法。低级脂肪酸（8 个碳以下）能溶于水，碳链长的脂肪酸或芳香酸可溶于一般有机溶剂，有机酸的盐大多能溶于水而不溶于有机溶剂，某些低级脂肪酸及芳香酸可随水蒸气蒸馏。利用这些特点可从中草药中提取分离有机酸。

有机酸除少数以游离状态存在外，一般都与 K^+、Na^+、Ca^{2+} 等离子结合成盐，有些与生物碱结合成盐。脂肪酸多与甘油结合成油脂，个别油脂是其他多元醇的酯（如具有抗癌活性的薏苡仁酯是丁二醇的脂肪酸酯），或与其他高级醇结合成蜡，还有些有机酸是树脂的组成部分。

（二）分　类

（1）脂肪族有机酸。一元、二元、三元和多元羧酸，如酒石酸、草酸、苹果酸、枸橼酸、抗坏血酸（即维生素C）等。

（2）芳香族有机酸。如桂皮酸、水杨酸、咖啡酸（caffeic acid）、绿原酸、苯甲酸等。

（3）萜类有机酸。如熊果酸、齐墩果酸、甘草次酸、茯苓酸等。

（三）药理作用

有机酸一般有酸味，具有收敛、固涩功用。如五味子收敛止汗，金樱子涩精止遗，覆盆子涩精缩尿，乌梅敛肺止咳、温肠止泻等。

一般认为，脂肪族有机酸无特殊生物活性，但有些有机酸如酒石酸、枸橼酸可作药用。有报道认为，苹果酸、枸橼酸、酒石酸、抗坏血酸等综合作用于中枢神经。有些特殊的酸是某些中草药的有效成分，如土槿皮中的土槿皮酸有抗真菌作用。咖啡酸的衍生物有一定的生物活性，如绿原酸（chlorogenic acid）为许多中草药的有效成分，有抗菌、利胆、升高白细胞等作用。绿原酸类化合物是金银花的主要有效成分，包括绿原酸（chlorogenic acid）和异绿原酸（isochlorogenic acid）、咖啡酸（caffeic acid）和3,5-二咖啡酰奎尼酸（3-5-O-dicaffeoylquinic acid）。前三者是金银花的主要活性成分。异绿原酸是-混合物，咖啡酸是绿原酸的水解产物，而3,5-二咖啡酰奎尼酸为其主要成分。

有报道显示，紫花地丁提取的有机酸对金黄色葡萄球菌的抑菌作用和杀菌作用明显。药理研究证实，半夏中含有的总游离有机酸具有止咳、祛痰、体外抑制肿瘤细胞的作用。板蓝根及大青叶所含的有机酸则具有较强的抗内毒素活性，其作用以水杨酸及苯甲酸作用最强。阿魏酸是当归的有效成分，能直接清除氧自由基，抑制脂质过氧化，提高谷胱甘肽过氧化物酶（GSH-PX）及相关酶的活性。用阿魏酸钠等5种中药来观察对白内障患者晶状体的影响，发现阿魏酸钠抗晶状体氧化性损伤的作用最强。甘草次酸、雄果酸、水杨酸、苯甲酸、桂皮酸等也有清除自由基效应。

七、氨基酸、蛋白质和酶类

蛋白质是高分子化合物，由 α-氨基酸组成，这些氨基酸约有 30 种。酶是生物有机体内具有特殊催化能力的蛋白质。蛋白质的性质不稳定，遇酸、碱、热或某些试剂作用都可沉淀，例如，将含蛋白质的水溶液加热至沸腾或加入乙醇等溶剂，或加入中性盐类（如氯化钠）或醋酸铅等试剂，都可使蛋白质沉淀，中药中蛋白质可据此种性质提取或去除。蛋白质与酶等在制药时一般都被视为杂质而除去，因糖浆中有大量蛋白质时易霉变，注射剂中有蛋白质时易产生混浊以及注射后产生疼痛等。但最近也发现有一些蛋白质、氨基酸与酶具有生物活性作用，如从天花粉中提取的天花粉蛋白可用于人工引产与治疗绒毛膜上皮癌（即恶性葡萄胎），菠萝蛋白酶用于抗水肿与抗炎，南瓜子中提取的南瓜子氨酸可用于抑制血吸虫、绦虫、蛲虫的生长，使君子中的使君子氨酸可驱蛔虫等。

八、糖　类

糖类在中药里普遍存在，按其组成可分为三类：单糖、低聚糖和多聚糖。多聚糖水解后生成单糖或低聚糖，淀粉、菊糖、树胶、黏液、纤维素是中药中最常见的多糖。这类成分大多数均视为无效成分而在制剂时被除去。有些成分具有一定的作用，如阿拉伯胶、西黄芪胶等少数树胶在医药上做赋形剂。现代研究发现，许多多糖成分有药理活性，如黄芪多糖的增强免疫作用等。

九、油脂和蜡

油脂是由高级脂肪酸与甘油结合而成的脂类。蜡是高级脂肪酸与分子量较大的一元醇组成的酯。植物中的蜡主要存在于果实、幼枝和叶的表面。蜡的性质稳定，理化性质与油脂相似。油脂和蜡在医药上主要作为油注射剂、软膏和硬膏的制造和赋形剂。有的油脂也具有治疗作用，如大枫子油有治麻风病作用；薏苡仁油脂中的薏苡仁脂有驱蛔虫及抗癌作用。常见的含油脂和蜡的中药有火麻仁、蓖麻子、巴豆、杏仁、薏苡仁、大枫子、鸦胆子等。

此外，中药的化学成分还有植物色素类，如萜类色素、叶绿素；无机成分，如钾盐、钙盐、镁盐和其他微量元素等。

十、植物色素类

（一）植物色素种类

植物色素类（phytochrome）在中草药中分布很广，主要有脂溶性色素与水溶性色素两类。

1. 脂溶性色素

脂溶性色素主要为叶绿素、叶黄素与胡萝卜素，三者常共存。此外，尚有藏红花素、辣椒红素等。除叶绿素外，多为四萜衍生物。这类色素不溶于水，难溶于甲醇，易溶于高浓度乙醇、乙醚、氯仿、苯等有机溶剂。胡萝卜素在乙醇中也不溶。叶绿素等在制备中草药制剂或提取其他有效成分时常须作为杂质去除，以使药物纯化。中草药（特别是叶类、全草类）的乙醇提取液中含有多量叶绿素，可在浓缩液中加水使之沉出，也可通过氧化铝、碳酸钙等吸附剂而除去。

2. 水溶性色素

水溶性色素主要为花色苷类，又称花青素，普遍存在于花中。溶于水及乙醇，不溶于乙醚、氯仿等有机溶剂，遇醋酸铅试剂会沉淀，并能被活性炭吸附，其颜色随 pH 的不同而改变。花色苷在制备中草药制剂或提取有效成分时，常作为杂质去除。

（二）药理作用

随着科学研究的深入，已发现不少色素具药用价值，如叶绿素有抗菌、促进肉芽生长和除臭等作用；胡萝卜素是维生素 A 的前体，服后在体内能转变成维生素 A，可用于防治维生素 A 缺乏症；紫草的萘醌类色素能抑菌；红花中的红花红素与红花黄素能活血化瘀与抗氧化；姜黄中的姜黄素（curcumin）能降血脂和抑菌；栀子中的栀子黄色素（gardenin）能抑菌。

藏红花素是西红花、栀子中共有的色素类成分，广泛用于食品添加剂，又具有去黄疸、利胆及明显的降血脂作用。预先灌胃栀子黄色素可抑制四氯化碳引起的小鼠血清谷草转氨酶（AST）、谷丙转氨酶（ALT）、乙醛脱氢酶（LDH）及肝脏丙二醛（MDA）含量和肝脏指数的升高，缓解肝脏还原型谷胱甘肽（GSH）含量的降低，减轻四氯化碳引起的肝小叶内灶性坏死。其机制可能为藏红花素和栀子苷具有淬灭自由基的作用，而且还能升调 GSH 等自由基清除剂的含量，保护肝细胞膜结构与功能的完整性，阻止肝细胞对酶的释放而保护受四氯化碳损伤的肝脏；同时，通过对细胞色素 P450 的选择性抑制作用可阻止四氯化碳在肝微粒体内的代谢活化。射干中提取的异丹叶大黄素（ISOR）可提高 SOD、GSH-Px 活力，抑制活性氧对线粒体和 DNA 的损伤。栝楼黄色素提取物具有较强的抑制猪油氧化能力，并且随着提取物浓度的增加，其抗氧化能力逐渐增强。

十一、无机成分

植物类中药的无机成分（inorganic constituents）多为钾、钠、钙、镁、铝、硫、磷等，大部分以盐的形式存在于细胞中，它们或与有机物质结合存在，或成各种结晶状态。如大黄中的草酸钙结晶，夏枯草中的氯化钾，桑叶中的碳酸钙等。

无机盐其有一定的医疗效用，如夏枯草中主要为钾盐的无机成分，其含量在 3% 以上，可起钾盐的药理作用，有降压和利尿作用；马齿苋所含氯化钾等钾盐有兴奋子宫的作用；附子中的磷脂酸钙与其强心作用有关；海带、海藻所含的碘，福寿草中的锂都有一定的治疗作用。

铁是血红蛋白中氧的携带者，也是多种酶的活性部位。冠状动脉栓塞者，血清中铁很快降低。用于治疗心血管病的中草药，铁的含量均较高。锰可以改善动脉粥样硬化患者脂质的代谢，防止实验性动脉粥样硬化的作用。铬参与胰岛素的作用，铬为有机化合物，称为葡萄糖铬，在控制中风的危险因素——高血糖中有重要作用。

当归补血汤大补气血，其组成药物当归、黄芪含铁量较高，临床用其治疗贫血效果显著。王清任用少腹逐瘀汤重加黄芪治疗妇科各种出血症收到奇效，这与现代医学治疗贫血、出血等用铁剂的道理是一致的。

很多试验已经证明，中药中含有的微量元素在疾病的防治上有着重要的作用。铁、锰、铜、锌、镍、钴、碘、硒、钼、硅、铬、氟、锡、钒等 14 种微量元素为动物体所必需。动物机体内的许多大分子，如核酸、蛋白质、酶、激素、维生素等的生理活性与一些微量的金属离子有关，一旦缺乏或过多均可导致疾病。譬如微量元素铁、锌、铜、锰等均与酶的活性有关，具有促进生长发育，提高免疫能力等功效。

第三节　中药的有效化学成分合成及应用

一、槟榔碱的合成工艺研究

槟榔碱主要从植物中提取获得，化学合成主要有两种途径：①以 3,3'– 亚氨基二丙腈为原料，经过 N– 甲基化、腈解、缩合环化、催化氢化还原制得；②烟酸经过酯化、N– 甲基化，再在中性或弱碱性条件下，以苯做溶剂，用 $NaBH_4$ 或 KBH_4 还原鎓盐制得。前法原料难得，操作烦琐；后法还原反应收率低，产物复杂，需用柱色谱分离，不易操作，且用的是毒性较大的苯作为溶剂，对操作人员身体损害较大。

本实验对后法进行改进，采用烟酸经过酯化反应生成烟酸甲酯，再经过 N– 甲基化生成碘化烟酸甲酯 N– 甲基铵盐后，经液化硼氢化钠还原后生成槟榔碱。

（1）烟酸甲酯的合成

$$\text{(吡啶-3-COOH)} \xrightarrow[H_2SO_4]{CH_3OH} \text{(吡啶-3-}COOCH_3\text{)}$$

取 4 g 烟酸溶于 30 mL 甲醇，然后向其中逐滴加入 5 mL 浓硫酸，边滴加边搅拌至烟酸全部溶解后，放于石蜡浴上，温度控制在 50~60℃，避光热回流 10h，减压蒸馏除甲醇，余液用 10% 的 NaOH 调 pH 至 8，然后用乙醚萃取 6 次，合并萃取液，用适量的 Na_2SO_4 吸水过夜，次日常压蒸馏剩少许时移至小烧杯中，低温下待结晶析出，过滤得到 4.28 g 白色结晶烟酸甲酯（合成率 73%~90%）。

（2）碘化烟酸甲酯 N– 甲基铵盐的合成

如图 6–3–1 所示，将 19.0 g 烟酸甲酯溶于 30 mL 无水丙酮中，边搅拌边加入 19.0 mLCH_3I，放于电动搅拌机下强烈搅拌反应 48 h，抽溶，固体用无水乙醇重结晶得到 40.37 g 浅黄色固体——碘化烟酸甲酯 N– 甲基铵盐（合成率 97%）。

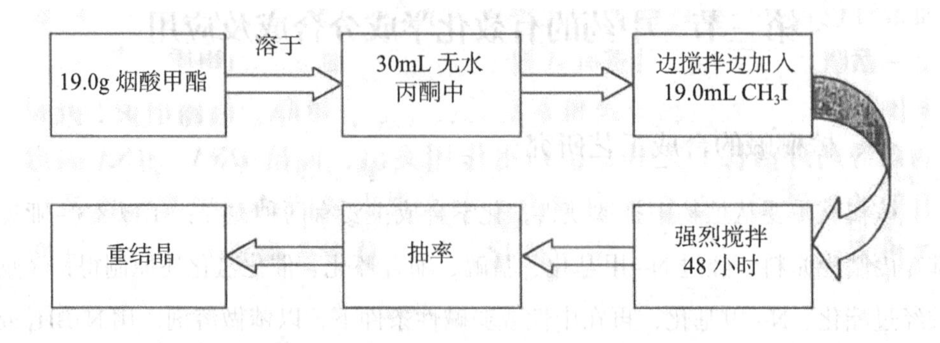

图 6-3-1 碘化烟酸甲酯 N- 甲基铵盐制备流程

（3）槟榔碱的合成

$COOCH_3$ / N^+ / I^- / CH_3 $\xrightarrow[CH_3CH_2OH]{N_aBH_4/HOAc}$ $COOCH_3$ / N / CH_3

称取硼氢化钠溶于 10 mL 10% NaOH，然后向其中加入 10 mL 无水甲醇，搅拌使溶液均一，装于分液漏斗中。取 13.8 g 碘化烟酸甲酯 N- 甲基铵盐溶于无水乙醇中，冰浴条件下向其中加入 30 mL36% 的乙酸，使烟酸化甲酯 N- 甲基铵盐完全溶解。冰浴条件下向反应液中逐滴加入硼氢化钠溶解液，加毕后撤去冰浴，自然升至常温，3 h 后向反应液逐滴加入 30 mL 蒸馏水，常温过夜。次日减压蒸馏去甲醇，向余液中加入 30 mL 蒸馏水，用等量无水乙醇萃取 4 次除杂，用 10% NaOH 调 pH 至 7，用二氯甲烷萃取 6 次，合并滤液，用无水硫酸镁吸水过夜。次日常压蒸馏回收溶剂，剩少许时移至蒸发皿中待溶剂挥发完后，用无水乙醇溶解、过滤并挥干得到浅黄色油状液体即槟榔碱（合成率 78.11%）。

（4）氢溴酸槟榔碱的合成

$COOCH_3$ / N / CH_3 + HB_r $\xrightarrow[\triangle]{CH_3CH_2OH}$ $COOCH_3$ / N / CH_3 · HB_r

将槟榔碱 5.4 g 用 4mL 无水乙醇稀释，用氢溴酸调 pH 至 3.8，放于 40~50℃

的水浴锅上蒸干后，研细用无水乙醇重结晶得到 5.89 g 白色粉末——氢溴酸槟榔碱（合成率 71.65%）。

二、金丝桃素的化学合成

金丝桃素（hypericin）是贯叶连翘（*Hypericum perforatum L.*）中最具有生物活性的物质，金丝桃素除了存在于贯叶连翘中外，还广泛分布于金丝桃属其他植物中。金丝桃素首次由 Dietrich 于 1891 年分离得到，1911 年，S.Czerny 命名为“hypericin”，为蓝黑色针状结晶体；1957 年，Brockmann 从贯叶连翘和陆地棉中首次分离得到金丝桃素，并完成了全合成工作。分解点 320℃，易溶于吡啶或其他有机胺类，呈橙红色并带红色荧光，不溶于多数有机溶剂中，可溶于碱性水溶液，在 pH 低于 11.5 时呈红色溶液，pH 高于 11.5 时为绿色溶液而带红色荧光。金丝桃素的化学式为 4,4',5,5',7,7'- 六羟基 -2,2'- 二甲基 - 中位 - 萘并二蒽酮，它是贯叶连翘中最具有生物活性的物质。

近年来，国外的研究表明，金丝桃素具有抗抑郁、镇静、抗菌消炎、光动力活性、抗肿瘤、抗病毒等药理活性。尤其是抗病毒作用突出，能抗 DNA、RNA 病毒。金丝桃素还是一种有效的光敏剂，在光动力学治疗中表现出强的诱导肿瘤细胞凋亡的活性。在德国，金丝桃素已与蛋白结合，用于治疗艾滋病及甲乙型肝炎；用作抗抑郁药已有百余年历史。

研究表明，金丝桃素具有抗逆转录病毒（包括抗人类免疫缺陷病毒 HIV）的作用。近年国外已完成抗艾滋病的Ⅱ期临床。治疗恶性神经胶质瘤的临床研究也在进行中。除贯叶连翘外，金丝桃素广泛分布于金丝桃属 *Euhypericum* 组其他植物和 *Campyloporus* 组植物中（Keller 分类法）；也存在于金丝桃组（Sect. Taeniocarpium）和糙枝金丝桃组（Sect.Hritella）植物中。另外，在小连翘、毛金丝桃 *H.hirsutum Linn.* 糙枝金丝桃 *H.scabrum Linn.* 等植物中也发现含有金丝桃素。由于金丝桃素的多种药理作用，使其成为当前国际研究开发热点课题之一，成为近年来世界最畅销的中草药。

目前，以金丝桃素作为原料制成的药品在临床上已经广泛使用，主要用于治疗抑郁症、艾滋病及甲乙型肝炎等疾病。由于金丝桃素在贯叶连翘全草中的含量仅有万分之四左右，目前，国内外从贯叶连翘中提取的金丝桃素在其提取物中的含量也不超过 1%，因此，即便是改善提取工艺，提取、分离出来的金丝桃素的含量也不是很高，而且还会破坏大量的天然植被或占用大量耕地。为了提高金丝桃素含量，以实现金丝桃素及其衍生物的产业化，设计出如下合成路线：

$$CH_3COCH_3 + HCOOC_2H_5 \xrightarrow{Na} CH_3COCH_2CHO \xrightarrow{CH_3COCH_2CO_2C_2H_5}$$

OH, COOH, H_3C

$$\xrightarrow[CH_3CH_2OH,NaOH]{(CH_3)_2SO_4}$$

OCH_3, COOH, H_3C

$$\xrightarrow[\text{二甲苯，无水 } ALCl_3]{SOCL_2}$$

OCH_3, $COCl_3$, H_3C

OCH_3, COCI, H_3C + OCH_3, H_3COOC, OCH_3 $\xrightarrow{\text{傅克反应}}$ OH, O, OH, HO, CH_3, O

OH, O, OH, HO, CH_3, O $\xrightarrow[\text{Hydro quirone}]{OH^-,N_2}$ OH, O, OH, H_3C, OH, H_3C, OH, OH, O, OH

第七章　常用中兽药

本章为常用中兽药，主要介绍了解表药、清热药、泻下药、祛湿药、消导药、驱虫药、外用药、理气药、补虚药，并具体介绍这些中药的性味、归经、功效、主治、用量等内容。

第一节　解表药

凡以发散表邪，解除表证为主要作用的药物，称解表药，又叫发表药。

解表药物，专为畜禽机体外感风寒或风热所致的精神沉郁，食欲不振，被毛逆乱，拱背缩腰，行动呆滞，恶寒发热，肌肉或骨节痛，无汗或微汗等初期病证而设。由于辛味药都有发散肌表外邪和行气的作用，能使病邪通过发汗而从肌表外解；加之辛温解表药能祛风寒，辛凉解表药又能祛风热，所以这类药物大多味辛，性温或性凉。

本类药物以入畜禽机体肺与膀胱二经为主，具有透发毛窍、发汗解表的作用。主治外感表证之恶寒，发热，无汗或有汗不畅，弓背夹尾，鼻塞流涕，皮温不均，耳角发凉，被毛逆乱，寒战，苔薄白。部分药物兼有利尿消肿、止咳平喘、透疹、祛风湿止痹痛、消疮作用。可用于水肿，喘咳，风湿痹证，疮疡初起兼有表证者。

解表药分辛温解表和辛凉解表两类，临床应辨证选用并注意配伍。兼内热者，配清热药；挟湿者，配祛湿药；兼燥邪者，与润燥药同用；对于虚弱和津液不足的病畜，不可应用解表药，如果必须采用，则应配合补养药，扶正发表并施。

使用解表药时，应控制用量，中病即止，否则发汗太多，易耗伤阳气，损及津液。表虚自汗，阴虚盗汗，以及疮疡日久、淋证和失血者，虽有表证，均当忌用或慎用。

凡体质健壮，气血充足，发热无汗，以及在秋、冬气候寒凉时，解表药可用重剂；若发热时仅有微汗，且在春、夏气候温暖时，则解表药宜用轻剂。

解表药多含挥发油，入汤剂不宜久煎，以免有效成分挥发而降低疗效。

一、辛温解表药

本类药物性味多辛温，以发散风寒为主要作用。用于外感风寒表证之恶寒发热，弓背夹尾，鼻塞流涕，耳角发凉，皮温不均，被毛逆乱，寒战，无汗或汗出不畅，舌苔薄白，脉浮。部分药物还可用于治疗痹证及咳喘，水肿，麻疹，以及疮疡初起兼有表证者。临床上若兼见内热时要配清热药，挟湿者要配祛湿药，兼见燥邪者要与润燥药同伍。若虚弱病畜外感，更应配伍补益药，以扶正祛邪。常用药物主要有麻黄、桂枝、荆芥、防风、细辛、羌活、白芷、紫苏、苍耳子、辛夷、生姜、葱白等。

（一）麻　黄

【别名】净麻黄、去节麻黄、麻绒、草麻黄、中麻黄、川麻黄、木贼麻黄、华麻黄等。

【来源】本品为麻黄科植物草麻黄、中麻黄或木贼麻黄的干燥地上部分。生长于干燥地带，常见于山坡、山岗及干枯河床内。主产于甘肃、河南、河北、山西和内蒙古等地，以山西大同产者为最好。

【采集加工】秋季白露至地冻，采割绿色地上部分，去净泥土，木质茎及残根，切断晒干。

【药材性状】

（1）干燥草麻黄。呈细长圆柱形，直径 1~2 mm，少分枝，有的带少量棕色木质茎；表面淡绿色至黄绿色，有细纵脊线，触之微有粗糙感，节明显，上有膜质鳞叶；裂片 2，锐三角形，基部联合成筒状，红棕色；体轻质脆，易折断，断面略呈纤维性，周边绿黄色，髓部红棕色，近圆形；气微香，味涩、微苦。

（2）干燥中麻黄。直径 1.5~3mm，多分枝，有粗糙感；节间长，膜质鳞叶长，裂片 3，先端锐尖；断面髓部呈三角状圆形。

（3）干燥木贼麻黄。直径 1~1.5 mm，较多分枝，无粗糙感，节间长，膜质鳞叶长；裂片 2，上部为短三角形，灰白色，基部棕红色至裟黑色。

以上三者均以干燥、茎粗、淡绿色、内心充实、味苦涩者为佳。

【炮制】将原药去净节根，按照每 50 千克麻黄用炼熟的蜂蜜 7.5 kg 的比例，将麻黄段加炼熟的蜂蜜与少许开水拌匀稍闷，放锅内炒至粘手时取出晾凉即可。

【性味】味辛、微苦，性温。

【归经】入肺、膀胱二经。

【功效】开腠发汗，止咳平喘，利尿消肿。

【主治】风寒表实，恶寒无汗，咳嗽喘促，水肿等病证。

【用量】马、牛、驼：15~30g；猪、羊：5~10 g；猫、犬 3~5g。

【应用】

（1）发汗解表。本品为发汗解表之要药。配桂枝，治疗动物外感风寒表实无汗证，用之极佳。

（2）宣肺平喘。本品质轻味苦，善于宣畅肺气，止咳平喘。配半夏、紫苏子、杏仁，治疗畜禽外感风寒所致肺气失宣的咳喘效如桴鼓；配黄芩、生石膏、杏仁，治疗动物鼻流黄涕、咽喉肿痛疗效好；配桑白皮，款冬花、黄芩、藿香，治疗猪气喘病效佳；配白附子、白僵蚕、川芎、白蒺藜、全蝎、乌梢蛇和天南星，治疗马心脏虚热，疗效良好。

（3）利水消肿。本品发汗利水双管齐下，配白术，大枣、甘草、生姜、石膏，治疗动物水肿而兼见表证者效果很好。

【禁忌】表虚、多汗者忌用。

【应用鉴别】

生麻黄与炙麻黄、麻黄根：三药同源于草本植物麻黄。但麻黄之地上部分称生麻黄，其辛散效应好，发汗解表力强，长于解表发汗；生麻黄蜜炙后则为炙麻黄，炙用辛散作用减弱、发汗力差，但长于润肺止咳平喘；麻黄之根则为麻黄根，它则长于敛肺止汗。

【巧用】

（1）麻黄配浮萍。麻黄温辛，浮而中空，能宣肺气、开腠理而发汗，又可温化膀胱之气而行水利尿消肿；浮萍辛寒，轻浮升散、善开毛窍，走肺经而行皮肤，故可发汗宣肺、透邪解表而利水消肿。麻黄与浮萍巧伍，即是开鬼门、洁净府，令其水液从汗而解，发汗利尿相互结合，温化散寒互相制约，宣肺气而开腠理，利水湿而消水肿效应互相促进。对骨节疼痛、恶风发热、面目四肢水肿、小便不利用之效好，对猫、犬急性肾炎复感风寒、其前面部肿甚和风疹眯痒用之效佳。

（2）麻黄配桂枝。麻黄以治卫实为主，桂枝以治卫虚为要；麻黄发汗以散寒，宣肺以平喘，桂枝解肌以发汗，温阳以通经；麻黄与桂枝虽均为发汗解表之药，但营卫不和、虽汗出而邪不能去之表实有汗多用桂枝，毛窍闭塞、汗不能透达之表实无汗则多用麻黄。麻黄与桂枝巧伍，发汗解表效应凸显，常相须为用，表实无汗用之尤佳。桂枝既助麻黄解表发汗、缓解肢体疼痛，又可抑麻黄之泻肺，对太阳病寒伤营者、伤寒伤风而咳嗽用之尤为适宜。

（3）麻黄配地龙。地龙咸寒，既能平喘舒肺、止痉熄风，又能清热祛风、止痛通络，还可清热利尿；麻黄温辛，长于散升，既能散寒发汗而解表，又可止痒散风而透疹，还能宣肺平喘和利尿消肿。麻黄与地龙巧伍，宣肺平喘，既有升降既济之优，又有开合适度之妙，对动物痰浊阻塞气道之哮喘用之尤为适宜。

（4）麻黄配附子。附子辛热，功专走窜，能回阳救逆、助阳温肾，上助心阳化气通脉以消水肿、下补肾阳可益命门之火而暖脾胃，是温补命门之佳品、回阳救逆之要药；麻黄辛温，长于升散，既能发汗散寒而解表，又可疏风止痒而透疹，还能宣肺平喘和利尿消肿。麻黄与附子巧伍，温阳解表，内温真阳外散风寒，补中有发、发中有补。对治动物阳虚外感用之尤为效佳。

（5）麻黄配熟地黄。熟地黄甘温，能补津生血、养肝滋肾、安五脏而和血脉、安魂魄而养心神，麻黄温辛，可发汗解表、平喘宣肺、利尿行气；麻黄质浮体轻、味辛气散，易伤正气，熟地黄体腻质滋，可助湿碍胃。麻黄与熟地黄巧伍，以麻黄之辛散去牵制熟地黄之滋腻，用熟地黄之滋腻去反佐麻黄之燥散。性味互制其短、效应各展其长，肾肺并举、本标兼治，平喘止咳效好、散结消痞甚效，对痰核阴疽、久喘诸证用之效佳。

（6）麻黄配石膏。石膏辛寒，体沉重降而解肌清热，生津止渴而消郁发汗，麻黄辛温，浮而中空，开腠理宣肺气以发汗，温化膀胱利尿行水使肿消；麻黄之甘热，走太阴达皮肤而行气于三阴，以祛阴寒之邪；石膏之甘寒，走阳明入肌肉而行气于三阳，以祛风热之患。麻黄与石膏巧伍，宣肺止喘无蕴热之弊，清肺泻热无冰伏之忧，既用甘味以入土，又用其寒热以和阴阳，更用其性善走以发越脾气。温寒结合，升降并举，清热降火平喘宣肺，其效力相互促进；发水越气，利水消肿，其功效大增。对治风邪袭表，肺失宣发肃降，难以通调水道，引发水湿内停，证见恶风发热、骨节疼痛、四肢水肿、小便不利之风水用之效好；对疗脾肾阳虚，水停于里，上迫于肺，证见全身水肿、腹满、喘急的正水效佳；对于肝肾阴寒、水气凝聚下焦所致腹肿如石、腹满不喘的石水效果较好。

（7）麻黄配射干。射干寒苦，清热解毒，降肺气，消涎痰而利咽喉，麻黄发散辛温，平喘宣肺而利水消肿；射干以降气为主而降中寓宜，麻黄以宣肺为要而宜中寓降。射干与麻黄巧伍，宣降结合而疗效彰显，消痰下气而平喘甚妙。对痰涎壅盛、气道不得宣畅而致喉中痰鸣、气逆而喘用之效好，对动物慢性气管炎、支气管哮喘而偏于寒者用之效佳。

（8）麻黄配罂粟壳。罂粟壳涩肠止泻、敛肺止咳和止痛，麻黄解表发汗、消肿利水、平喘宣肺；麻黄以“宣”为要，罂粟壳以“敛”为主；麻黄重在于“开”，罂粟壳意在于“合”。麻黄与罂粟壳巧伍，宣敛结合、开合有度，性味相互制约，效应相互为用，止咳平喘效宏。对治肺气不收、久咳不愈、干咳少痰用之效好。

【新用】用麻黄、牛蒡子各等份，布包后加净雌乌鸡（不放血）煮熟投喂，治疗猫、犬风湿性关节炎也有效；用麻黄 1 份，前胡 2 份，水煎液加糖灌服，治疗幼小动物腹泻效好；用麻黄 15 g 水煎灌服，每日 1 剂，治疗猫、犬风湿性肌炎效佳；用麻黄 25 g、白术 20 g、杏仁 15g，甘草 5 g，水煎服，每日 1 剂，治疗老年性犬、猫便秘，效果很好；用麻黄、桂枝、防风、羌活、紫苏等气味辛散的药伍用甘味药甘草，对治疗动物伤寒初起的表证，用之效好；用生麻黄 15~30 g 煎水灌服或灌肠，可增强止泻能力，用于治疗动物慢性腹泻，临床疗效良好。

【联用】麻黄与镇咳药配伍，有协同止咳效应；麻黄与支气管扩张药伍用，可使药效学作用增强；麻黄与苯海拉明同用，可增强平喘和抗过敏作用，并能消除麻黄碱兴奋性不良反应；麻黄与氨基糖苷类、大环内酯类、青霉素，四环素类，头孢菌素类等多种抗生素共用，可收协同性抗菌效果；麻黄与氯丙嗪联用时，麻黄之 α、β－受体兴奋作用被氯丙嗪抑制，产生药效作用拮抗，疗效减弱，血压降低；麻黄与酚妥拉明合用，存在药理性拮抗作用；麻黄与阿司匹林、安乃近和氨基比林等解热镇痛药共用，其解热作用协同、疗效增强，但也易致发汗太过而致大汗虚脱；麻黄与氨茶碱、肾上腺素和异丙肾上腺素等药联用，其毒副作用大增；麻黄与痢特灵（呋喃唑酮）合用，麻黄可促进去甲肾上腺素大量释放，痢特灵可抑制单胺氧化酶的活性，两者配伍可严重升高动物血压甚至引起脑出血。

【方例】

（1）麻黄散（《安骥药方》）：麻黄（去节根）、麦芽、百部、紫菀、百合、紫苏子、干地黄、山药、枇杷叶（去毛）、柴胡、小茴香、杏仁（去皮尖），上药十二味为末，藩面、瓜蒌为引，草后灌服，隔日再灌。治马慢病、把前把后、腰硬肷细、气喘、项脊惾。

（2）麻黄汤（《伤寒论》）：麻黄、桂枝、杏仁、甘草。功能解表散寒，发汗平喘。治外感风寒引起的精神倦怠，耳耷头低，恶寒战栗，无汗而喘，舌苔白薄，脉象浮紧等。

【临床应用】

（1）用麻黄、薄荷、川芎、防风、黄芩、滑石、连翘、生白芍各 6 g，大黄、当归、荆芥、芒硝各 9 g，生石膏 12 g，甘草 3 g，煎水灌喂（50 kg 猪用量）治疗猪外感太阳、阳明合病证 272 例，治愈 256 例，治愈率达 94.11%（《兽医中草药大全》。

（2）用 6% 兽用麻黄碱，按每 50 千克体重肌内注射 2 mL（仔猪 0.5 mL），治疗猪夏季红皮病，可 10 min 获效（《中国兽医杂志》，1984）。

【现代研究】

（1）化学成分：本品含多种生物碱，主要有左旋麻黄碱、左旋去甲基麻黄碱、左旋甲基麻黄碱和右旋伪麻黄碱等；还含 β－松油醇、左旋 α－松油醇、芹菜素、山柰酚和芹菜素 –5– 鼠李糖苷等。

（2）抑病毒作用：本品对流感病毒（亚甲型, Arg）、呼吸道合胞病毒（RSV）有抑制作用。

（3）药理效应；本品能兴奋中枢神经、发汗、收缩血管、镇静、散瞳、调节心肌收缩、增加心排血量、松弛支气管和胃肠道平滑肌、提高血糖代谢率、降低血压、加强子宫收缩、增强肠蠕动和利尿等作用。

【附歌】麻黄温散，主治表寒，外感咳喘，禁忌多汗。

（二）桂　枝

桂枝为樟科植物肉桂的干燥嫩枝，切成薄片或小段后入药，主产于广西、广东和云南等地，尤以广西为多。

【性味归经】辛、甘，温。入心、肺、膀胱经。

【功效】发汗解肌，温通经脉，助阳化气。

【主治】风寒表证，前肢风湿痹证，脾肾阳虚之水肿证。

【应用】

（1）外感风寒：外感风寒，恶寒发热，表实无汗者，常与麻黄相须为用，如麻黄汤；外感风寒，表虚自汗者，常配伍白芍、生姜、大枣等，如桂枝汤。

（2）风寒湿痹：外感风寒湿邪，肢体疼痛，关节不利者，常配伍附子、羌活、防风等，如桂枝附子汤；尤其善治前肢关节，肌肉的麻木疼痛，可为前肢的引经药。

（3）虚性水肿：脾阳不振，痰饮、心悸者，常与茯苓、白术等同用；若膀胱气化失司，小便不利、水肿者，每与猪苓，泽泻等配伍，如五苓散。

（4）心悸：心阳不振，血脉不畅，心悸动、脉结代者，每与甘草、党参、麦冬同用，如炙甘草汤。

【用量】马、牛：15~45 g；猪、羊：3~10g；犬：3~5 g；兔、禽：0.5~1.5 g。

【注意事项】

（1）温热病、阴虚火旺及血热妄行所致的出血症忌用。

（2）孕畜慎服。

【成分】含桂皮醛，肉桂酸，2- 甲氧基肉桂酸，1,4- 苯基丁二酮，香豆素，3- 谷甾醇，丁香醛，5α、8α - 过氧化麦角甾醇等。

【药理】

（1）桂皮醛能刺激汗腺分泌，扩张皮肤血管，并通过发汗，加速散热而起解热作用。桂皮油能促进唾液及胃液分泌，帮助消化，故有健胃作用。此外，还能解除内脏平滑肌痉挛，故又能缓解腹痛。

（2）乙醇浸出液在体外可抑制炭疽杆菌、金黄色葡萄球菌和沙门氏菌等。煎剂在试管内对金黄色葡萄球菌、伤寒杆菌等有显著的抗菌作用。

（三）荆　芥

荆芥为唇形科植物荆芥的干燥地上部分。生用或炒用。主产于河北、江苏、吉林等地。

【性味归经】辛，微温。入肺、肝经。

【功效】祛风解表，止血，透疹消痈。

【主治与应用】

（1）祛风解表。本品辛温可发散风寒，芳香气清，又能疏散风热。用于：①风寒表证，配羌活、防风、独活、白芷、细辛等；②风热表证，配银花、连翘、柴胡、黄芩、防风、牛蒡子等。

（2）止血。本品入血分能理血，炒炭能止血，可用于多种出血证，常配地榆炭、槐花、白及等研末冲服。

（3）透疹消痈。本品辛散轻扬，擅长透疹。用于：①痘疹、疮疡等，常配葛根、薄荷、牛蒡子、蝉衣、赤芍等；②痈肿初起，红肿热痛者，配银花、连翘、赤芍、防风、乳香、栀子等。

【用量】马、牛：15~60 g；猪、羊：10~15 g；犬、猫：2—5 g；禽、兔：1—3g。

【按语】荆芥味辛微温而芳香，其味辛而不燥，其气清，质地轻扬，善长发散，主治风邪在表诸证。欲祛风寒，配麻桂，欲散风热，配银翘、薄荷。本品生用发汗力强，炒用发表力弱，炒黑则止血。因入血分而能理血，透疹消痈，有“疮家圣药”之称。

【现代研究】本品含挥发油，挥发油为右旋薄荷酮、消旋薄荷酮及少量右旋柠檬烯等。荆芥煎剂体外试验证明对金黄色葡萄球菌和白喉杆菌有较强的抗菌作用，其次对炭疽杆菌、乙型链球菌、伤寒杆菌、痢疾杆菌、绿脓杆菌、人型结核杆菌等均表现出一定的抑制作用；口服能使汗腺分泌旺盛，皮肤血液循环加强，有解热和镇痉作用；其挥发油有健胃祛风作用；炒炭能使血凝时间缩短而止血；能增强皮肤血液循环，促进疮癣病变组织的破坏与吸收。

（四）防　风

防风为伞形科植物防风的干燥根。生用或炒用。主产于黑龙江、吉林和辽宁，以黑龙江产量最大。

【性味归经】辛、甘，微温。入膀胱、肝、肾经。

【功效】祛风解表，胜湿解痉，止泻止血。

【主治与应用】

（1）祛风解表。本品辛温，能散风寒，温而不燥，性较缓和。性浮上升，又能发散风热。用于：①外感风寒表证，配荆芥、羌活、前胡、川芎等；②外感风热表证，配银花、连翘、柴胡、黄芩等；③疮疡痈肿初起而兼有表证者，配荆芥、银花、连翘、赤芍、大黄等，亦可配薄荷、荆芥、花椒、苦参、黄柏，煎汤洗患部，如防风汤。

（2）胜湿解痉。本品辛散，善祛风除湿，止痛解痉。用于：①风寒湿痹，关节、肌肉疼痛，配羌活、独活、藁本、川芎、蔓荆子、炙甘草等，如羌活胜湿汤；②破伤风之口眼歪斜、耳竖尾直，配南星、白芷、白附子、羌活等，如玉真散。

（3）止泻止血。本品气味俱薄，性浮而升，炒用止泻，炒炭存性能止血。用于：①肝郁伤脾之腹痛、腹泻，配白芍、白术、陈皮等，如痛泻要方用防风；②多种慢性出血证，配荆芥炭、地榆炭、炒槐花、棕炭等。

【禁忌】凡阴虚火旺，血虚发痉者忌用。

【用量】马、牛：15~60 g；猪、羊：15—25 g；犬、猫：3—8 g；禽、兔：2—5 g。

【按语】防风辛散甘缓，可上达周身，为风药之主药，各种风证皆宜之。临床上，无汗恶风用生防风，有汗恶风用炒防风，祛血分之风用防风炭。本品治肠风下血尤有殊功。

防风与羌活皆为祛风胜湿之药，但防风甘润性缓，为风药之润剂；羌活辛温燥烈，为风药之燥剂。

防风与荆芥均为祛风散寒要药，但防风偏治外感之风，荆芥偏治外感之寒。

【现代研究】本品含挥发油、甘露醇、酚性物质、多糖类及有机酸等。有镇静、抗炎和抗过敏作用；对金黄色葡萄球菌、溶血性链球菌、痢疾杆菌、肺炎双球菌及两种霉菌（产黄青霉、杂色曲霉）等有抑制作用，而对流感杆菌、伤寒杆菌、福氏及志贺氏痢疾杆菌无抑制作用；有中度解热作用，对关节、肌肉疼痛有镇痛作用。

（五）紫　苏

本品为唇形科植物紫苏的干燥叶（或带嫩枝）。中国华北、华中、华南、西南及台湾地区均有野生种和栽培种。

【性味归经】紫苏性温，味辛。归肺、脾经。

【功效】具有解表散寒，行气和胃的功效。

【主治】主治风寒感冒，症见头痛、咳嗽、胸腹胀满。

【主要成分】主要含挥发油（紫苏醛），尚含有黄酮类化合物（芹菜苷元、木樨草素等）及糖类，鞣质类、3- 谷甾醇等。

【药理作用】

（1）解热作用。家兔灌胃紫苏煎剂或浸剂生药 2 g/kg，对伤寒混合菌苗致发热体温有微弱解热作用。紫苏水提浸膏生药 25 g/kg 和紫苏挥发油 3.56 g/kg 对过期伤寒、副伤寒菌苗致热家兔均有明显解热作用。

（2）镇静作用。紫苏叶水提物 4 g/kg 或紫苏醛 100 mg/kg，能显著延长环己巴比妥诱导的睡眠时间。大鼠灌胃水提物亦能减少动物运动量，其镇静有效成分初步认为是紫苏醛、豆甾醇组分及莳萝油脑（dillapiol），其中，莳萝油脑的 ED_{50} 为 1.57 mg/kg。

（3）抑菌作用。对红色毛癣菌、石膏样小孢子癣菌、絮状表皮癣菌有较好的抑菌效果。紫苏的石油醚和醋酸乙酯提取物对金黄色葡萄球菌和大肠杆菌的生长具有明显抑制作用，正丁醇提取物则无抗菌活性。进一步分离得到的3,3'– 二乙氧基迷迭香酸、黄示灵、咖啡酸和迷迭香酸4种化合物均具有抑制金黄色葡萄球菌和大肠杆菌生长的活性，其中，迷迭香酸和新化合物3,3'– 二乙氧基迷迭香酸的抗菌活性较强。紫苏醛和柠檬醛为其抗真菌（皮肤丝状菌）的主要活性成分，两者有协同作用。

（4）镇咳、平喘作用。紫苏能减少支气管分泌物，缓解支气管痉挛。其化学成分石竹烯具有松弛气管、镇咳祛痰作用，另一成分沉香醇具有平喘作用。紫苏脂肪油5 g/kg，2.5 g/kg灌胃给药，能抑制氨水引起的小鼠咳嗽反应，腹腔注射给药豚鼠能对抗2%乙酰胆碱与0.1%磷酸组胺等量混合液引起的哮喘反应。

（5）抗炎、抗过敏作用。紫苏水提液能通过抑制肿瘤坏死因子生成发挥抗炎作用，且可以减轻巴豆醇乙酯和花生四烯酸引起的炎症反应。紫苏提取物粗品的大孔树脂70%乙醇洗脱液冷冻干燥品能显著抑制透明质酸酶活性，显著降低小鼠皮肤蓝斑的吸光值，明显抑制巴豆油所致小鼠耳郭肿胀，显著拮抗组胺所致的大鼠皮肤毛细血管通透性增加。紫苏糖肽能剂量依赖性抑制致敏肥大细胞组胺的释放。

（6）对免疫功能的作用。紫苏叶乙醚提取物可增强脾细胞免疫功能，乙醇提取物和紫苏醛有免疫抑制作用。紫苏叶热水提取物25 mg/kg对ConA和化合物48/80诱导的大鼠肥大细胞组胺释放有中度抑制作用。紫苏叶提取物具有干扰素诱导活性。紫苏叶汁可使MDP及OK432处理过小鼠血中的肿瘤坏死因子（TNF）水平明显下降。

（7）兴奋胃肠运动。紫苏能促进消化液分泌，增强胃肠蠕动。紫苏酮是促进小鼠小肠运动的有效成分，其口服的ED_{50}为11 mg/kg。紫苏叶提取液能明显减轻吸入CCl，引起的大鼠小肠黏膜绒毛的损伤程度，对肠黏膜有保护作用。

（8）抗氧化作用。炒紫苏子的水提物能显著清除超氧阴离子、负氧离子和降低丙二醛水平，且作用优于维生素C等阳性对照物；炒紫苏子醇提物能显著降低小鼠丙二醛水平，提高超氧化物歧化酶（SOD）活性；在低剂量（134 mg/kg）时还能显著降低单胺氧化酶水平；高剂量（213 mg/kg）水提物则能显著降低丙二醛、单胺氧化酶水平，提高SOD活性，而低剂量（106 mg/kg）水提物只能降低丙二醛、单胺氧化酶水平。紫苏油可在一定程度上拮抗 D- 半乳糖腹腔注射对小鼠的损伤，随着紫苏油剂量的提高，丙二醛含量先降后升，谷胱甘肽含量先升后降，提示过量紫苏油的摄入可能对机体的氧化还原能力具有负面影响。

（9）调脂保肝作用。紫苏子能明显降低高脂血症大鼠 TC 和 TG 含量，但对 HDL-C 的水平无显著影响，还发现紫苏子对 CCI 所致化学性肝损伤有辅助保护作用。紫苏子油可预防大鼠脂代谢紊乱，改善兔试验性高脂血症的活性。富含 α－亚麻酸的苏子油能够改变大鼠脑和肝脏中的脂肪酸含量，可用于调节血脂。

【临床应用】

（1）风寒表证适用于发热恶寒、咳嗽、无汗，常配伍杏仁、前胡、桔梗等。方如《温经条辨》中的杏苏散。

（2）脾胃气滞用于肚腹胀满、食欲不振等证，常与藿香、半夏、陈皮等同用。

（3）胎动不安常配伍砂仁、陈皮和木香等。

（六）细　辛

【别名】小辛、少辛、北细辛、细草、金盆草、山人参等。

【来源】为马兜铃科多年生草本植物北细辛和华细辛的干燥带根全草。生长在林下、阴湿、富含腐殖质的疏松肥沃的土壤中。主产于辽宁、吉林、黑龙江、陕西、山东等地。

【采集加工】每年 5—7 月间连根采挖，除去泥沙，每十来棵捆成一把，放阴凉处阴干。

【药材性状】本品全草叶呈心脏形，干燥后多皱缩，质较薄，呈黄绿色；根茎呈竹节状，纤细而弯曲，其下部抽出多数的长条根，多呈弯曲状，外表为淡褐色或土灰色，折断面呈黄白色，有特异的香气。以根色灰黄、叶色绿、无杂质、香气浓、味辛辣麻舌者为佳。

【炮制】将原药洗净泥土，用水润软后切成 3~4 cm 长的小段阴干，生用。

【性味归经】味辛，性温而烈。入心、肝、肺、肾四经。

【功效】发表散寒，祛风止痛，温肺化饮，开窍通闭。

【主治】外感风寒、肺寒咳嗽、风湿痹痛。

【用量】马、牛、驼：10~15 g，猪、羊：1~3 g，猫、犬：0.5~1.5 g。

【应用】

（1）散寒发表。本品气温而烈，味辛而厚，既能发散在表之风寒，又能除入里之寒邪，为发表散寒之要药。配白芷、防风、桂枝、羌活、生姜，用于治疗动物外感风寒表实证；配麻黄、附子，用于阳虚外感、寒邪入里而致筋骨疼痛者。

（2）温肺化饮。本品长于散肺寒而化痰饮，配半夏、茯苓、干姜、甘草，治疗动物肺寒吐沫、肺寒咳嗽。

（3）祛风止痛。本品温行辛散，善除风寒湿邪以止疼。配防风、防己、桂枝、乌头，用于治疗动物寒湿痹痛，遇寒痛剧者；配白芷、防风、羌活，用于风寒头重等。

（4）启闭通窍。本品辛香，窜透性强，善于开窍启闭。配白芷、辛夷，用于治疗动物鼻流清涕、鼻渊鼻塞；配黄芩、紫草，对流涕黄浊用之效佳。

【禁忌】对于气虚有汗，血虚头重，肺虚咳嗽动物忌用。

【应用鉴别】

（1）细辛与白芷、藁本。三者功能相近，性味相同，共治头痛。但细辛散治少阳头痛，头痛连齿，且能温肺化饮；白芷善治阳明头痛，痛在前额，连及目珠，为疗眉棱骨的要药，常与治眉棱骨的要药夏枯草相须为用构成对药，治疗眼眶目珠疼痛；藁本善治厥阴头痛，痛在巅顶，且为巅顶病变之引经药。

（2）细辛与独活。二药皆能祛风。但细辛善搜肝肾血分之风，独活善搜肾经气分之伏风。

（3）细辛与麻黄二者均为祛风散寒之要药，但细辛散筋骨之寒偏于里者用之效好；而麻黄散肌表之寒偏于表者用之效佳。

【临床应用】用细辛、赤芍各 60 g，官桂、茵陈、青皮、陈皮、小茴香、藁本各 45 g，苍术 30 g，共为末，开水冲调，候温后加入 60° 白酒 250 mL，葱白 30g，一次投喂，每日 1 次，治牛感冒一般 2 次即可痊愈。

【现代研究】

（1）化学成分。本品含藏烯、甲基丁香梵、龙脑、异茴香醚、细辛酮、优香芹酮、黄樟醚等挥发油。

（2）药理效应。本品有镇静、镇痛，调节血压，解热，兴奋呼吸和抗炎等作用。

【附歌】细辛温散，主治风寒，化饮破结，湿痹痛安。

（七）羌　活

【别名】差青、蚕差、竹节差、大头羌、护差使者、退风使者等。

【来源】本品为伞形科植物羌活和宽叶羌活的干燥根茎。主产于四川、陕西、甘肃、青海等地。

【采集加工】春、秋两季采挖，除去须根及泥沙，晒干。

【药材性状】干燥根外表呈讷色或黑讷色，为长 10~12 cm，粗 1.2~l.5 cm 的纺锤形，往往屈曲；根上部有层层环节状突起而粗糙，质脆，折断面稍呈纤维性；其根的头部形如蚕羌状的称蚕羌。如肉部疏松色黄，外表淡褐色，心有菊花纹，色香味浓烈者，其品质颇佳；如根的上部分枝，下部细瘦，内部多空而松，心部无菊花纹者，品质较次。

【炮制】将原药洗净润湿，待心部软化后，切成薄片晒干入药。

【性味归经】味辛、苦，性温。入肾、膀胱二经。

【功效】解表散寒，祛风胜湿，通痹止痛。

【主治】外感风寒，风湿痹痛。

【用量】马、牛、驼：15~40 g；猪、羊：5~12 g；猫、犬：2~5 g。

【应有】

（1）解表散寒。本品辛温，长于发散，善解在表之风寒。配白芷、苍术、防风、荆芥、细辛，对治疗外感风寒表证，证见缩腰拱背、恶寒发抖用之效好；配白芍、柴胡、防风、甘草、前胡、肉桂、香附，治疗马风寒感冒用之效佳；配薄荷、柴胡、连翘、金银花，治疗外感风热，证见口渴、发热用之效果良好。

（2）通痹止痛。本品苦辛温燥，为通痹止痛之要药，凡风湿相搏，腰背肌肉及关节疼痛者用之尤宜。配川芎、防风、桂枝、威灵仙，治疗膊肢风痛用之效果显著；配藁本、杜仲、续断、防风，治疗动物腰胯风痛疗效较好；配独活、当归、防风、黄芪、姜黄，治疗项背及前肢湿痹作痛、腰背板硬、颈项强直效果尤佳。

【禁忌】无风寒湿邪及阴虚火旺者忌用。

【应用鉴别】本品能发汗解表，祛风止痛，为发散风寒兼祛上部风湿的主药。

（1）羌活与桂枝。二药均能祛风散寒，但羌活偏于散头项脊背部风寒，桂枝则长于祛膊肢关节的风寒。

（2）羌活与独活、威灵仙。三者均能祛风除湿，常相须为用，治疗风寒湿痹。羌活、独活尚能祛风湿而止痛解表，构成对药，简称“二活”，对治疗风寒挟湿之表证用之较好；但羌活性较燥烈，发散之力强，善入后肢足太阳膀胱经，对治腰以上风寒湿痹用之效好；而独活性较缓和，发散之力较弱，善入后肢足太阴肾经，对治疗腰以下风寒湿痹用之效佳；威灵仙则辛散温通，药性猛烈而善走十二经脉，对治疗一身之风寒湿痹，无论上、下皆可用之。

【临床应用】采用防风 27 g，羌活、荆芥各 24 g，独活、连翘各 21 g，金银花、知母各 18 g，苍术、柴胡、茯苓、桔梗、生地黄各 15 g，白芷 12 g，薄荷、升麻、细辛各 9 g，诸药为末，开水冲调候温灌服。治疗牛头风癀共 20 例，均获痊愈，一般 1 剂，重者 2 剂即愈。

（八）白　芷

白芷为伞形科植物白芷或杭白芷的干燥根。切片入药。主产于四川、东北、浙江、江西、河北等地。

【性味归经】辛，温。入肺、胃经。

【功效】祛风止痛，消肿排脓，通鼻窍。

【主治】风寒感冒，风湿痹痛，疮黄肿痛，脑颡鼻脓。

【应用】

（1）外感风寒：常与荆芥、防风、川芎等配伍。

（2）风湿痹痛：常配伍独活、桑枝、秦艽等同用。

（3）脑颡鼻脓：鼻流浊涕不止，常配伍辛夷、苍耳子、薄荷等。

（4）疮痈肿毒：常与金银花、当归、穿山甲等配伍，如仙方活命饮；治乳痈肿痛，常配伍瓜蒌、贝母、蒲公英等同用。

【用量】马、牛：15—30 g；猪、羊：5—10 g；犬、猫：0.5—3 g。

【注意事项】痈疽已溃，脓出通畅者慎用。

【成分】含比克白芷素、比克白芷醚、欧前胡素、异欧前胡素、东莨菪内酯、白当归素、白当归脑等。

【药理】

（1）煎液灌胃对皮下注射蛋白腺所致小鼠高热模型有明显解热镇痛作用。对小鼠醋酸扭体反应有抑制作用，能明显提高小鼠热板法致痛的痛阈，对二甲苯所致小鼠耳部炎症也有显著抑制作用。

（2）对大肠杆菌、宋氏痢疾杆菌、弗氏痢疾杆菌、变形杆菌、伤寒杆菌、副伤寒杆菌、绿脓杆菌、霍乱弧菌及人型结核杆菌等有不同程度抑制作用。

（九）辛　夷

辛夷为木兰科植物望春花、玉兰或武当玉兰的干燥花蕾。捣碎生用或炒炭用。主产于河南、安徽、四川等地。

【性味归经】辛，温。入肺、胃经。

【功效】散风寒，通鼻窍。

【主治】脑颡鼻脓。

【应用】

（1）外感风寒表实证：常与细辛、升麻、藁本、川芎、白芷等配伍。

（2）脑颡鼻脓：常配伍知母、黄柏、沙参、木香、郁金等，如辛夷散。

【用量】马、牛：15~60 g；猪、羊：3~9 g；犬：2~5 g。

【注意事项】气虚及上焦火旺者忌用。

【成分】含挥发油，其中主要有1,8-桉叶素、香桧烯、柠檬烯、反-石竹烯，α-松油醇、荭茨烯等。

【药理】

（1）雾化液对支气管哮喘有一定的平喘和止咳作用。

（2）挥发油能降低炎症组织毛细血管的通透性，抑制炎症介质 PGE_2 和组织胺的产生。

（十）葱　白

葱白为百合科植物葱近根部的鳞茎。鲜用。全国各地均产。

【性味归经】辛，温。入肺、胃经。

【功效】发汗解表，散寒通阳。

【主治】风寒感冒，寒凝腹痛。

【应用】

（1）外感风寒：多用治风寒感冒轻证，常与生姜同用，或配合其他辛温解表药，以助发汗之效。

（2）寒凝腹痛：寒邪直中，阳气被郁之腹痛，常与附子、干姜等同用。

【用量】煎服或入丸散剂，马、牛：30~90 g；猪、羊：15~30 g。

【成分】含挥发油，油中主要成分为蒜素，还含有二烯丙基硫醚、苹果酸、维生素 B、维生素 C、铁盐等。

【药理】

（1）本品对白喉杆菌、结核杆菌、痢疾杆菌、葡萄球菌、链球菌有抑制作用，对皮肤真菌也有抑制作用。

（2）有一定的发汗解热、利尿、健胃、祛痰作用。

（十一）苍耳子

苍耳子为菊科植物苍耳的干燥成熟果实。生用或炙用。主产于山东、安徽、江苏、湖北等地。

【性味归经】甘、苦，温。有小毒。入肺经。

【功能主治】发汗通窍，散风祛湿。主治风寒感冒，脑颡鼻脓。

【用量】马、牛：15~45 g；猪、羊：3~15 g；兔、禽：1~2 g。

【应用】

（1）风寒感冒，鼻窍不通，浊涕下流，脑颡流鼻等，常与辛夷、白芷、薄荷等同用。

（2）风湿痹痛，常与威灵仙、苍术、羌活等配伍。

【药理】含苍耳苷、苍耳醇、苍耳脂、大黄酚、大黄素、芦荟大黄素和 α-

谷甾醇、豆甾醇、胡萝卜苷和蔗糖等，生品和炒制品的脂肪油乳浊液、水煎液对金黄色葡萄球菌和肺炎双球菌都有效，且炒制品抗菌作用优于生品。

（十二）生　姜

生姜为姜科植物姜的新鲜根茎。切片生用或煨熟用。我国各地均产。

【性味归经】辛，微温。入脾、肺、胃经。

【功能主治】解表散寒，温中止呕，解毒。主治外感风寒、胃寒呕吐。

【用量】马、牛：15~60 g；猪、羊：5~15 g；犬、猫：1~5 g；兔、禽：1—3 g。

【应用】

（1）外感风寒，常与桂枝同用，如桂枝汤。

（2）胃寒呕吐，单用或与半夏、陈皮等同用。

（3）解半夏、天南星之毒。

【药理】含挥发油、姜辣素和二苯基庚烷等，具有抑菌、抗炎和抗氧化等作用。

二、辛凉解表药

本类药物性味多辛凉，有疏散风热的功能，发汗作用比较缓和。临床主要用于风热表证、温热病初期，风热目疾及咽喉肿痛等。由于发汗作用较辛温解表药和缓，故对阴虚体弱患畜仍能配合使用。

风热病证变化迅速且复杂，临床应用辛凉解表药尤需注意配伍。如风热中期，热势较高，配清热降火药；热毒偏盛，配清热解毒药；风热袭肺，咳喘较重者，配清肺化痰药；咽喉红肿，配解毒利咽药；汗出不畅，可少佐辛温解表药。

（一）薄　荷

薄荷为唇形科多年生草本植物薄荷的茎叶。广泛分布于中国各地。

【性味归经】辛，凉。入肝、肺经。

【功效】疏风散热，清利透疹，理气解郁。

【主治与应用】

（1）疏散风热本品辛凉质轻，轻清凉散，善解风热之邪，用于风热感冒或温热病初起。配银花、连翘、冬桑叶、菊花等，如桑菊饮、银翘散中用薄荷。

（2）清利透疹。本品质轻浮，善疏散上焦风热以清利头目，发散透疹。用于：①风热目赤，配柴胡、桑叶、菊花、夏枯草等；②咽喉肿痛，配桔梗、荆芥、牛蒡子、菊花等，若热重者，可加板蓝根、山豆根、射干、银花等；③痘疹初起，配连翘、蝉蜕、葛根、银花；④暑湿腹胀、腹泻或呕吐者，配藿香、佩兰、陈皮、厚朴、扁豆、滑石等。

（3）理气解郁。本品芳香开郁，能疏解气分郁滞。常用于：①肝气郁结，食欲不振，配柴胡、郁金、青皮等；②脾胃气滞，少食腹胀，或腹痛、腹泻，配苏梗、枳壳、炒麦芽、炒神曲、炒山楂等。

【用量】马、牛：15~46 g；猪、羊：5~15 g；犬、猫：3~5 g；禽、兔：0.5—1.5 g。

【按语】薄荷辛凉，轻清凉散，芳香开郁，上清头目，下疏肝气。既可表散风热之邪，又可疏解气分之滞，为治风热目赤、咽喉肿痛、肝脾气滞之要药。凡风热表证，无汗用薄荷叶，有汗用炒薄荷，理脾胃滞气用薄荷梗，治暑湿腹泻用鲜薄荷，治风热目赤用薄荷炭。

【现代研究】本品含挥发油，油中主要成分为薄荷脑、薄荷酮等。挥发油有发汗、解热、兴奋作用，因而能兴奋中枢，使皮肤毛细血管扩张，促进汗腺分泌，使体温降低；能阻止肠内容物异常发酵，故有健胃祛风作用；挥发油外用可使感觉神经末梢麻痹，有止痒止痛作用；此外，还有抗刺激、止咳作用及抗着床、抗早孕、利胆等作用。

（二）柴　胡

柴胡为伞形科多年生草本植物柴胡（北柴胡）与狭叶柴胡的根茎或全草。生用、酒炒或醋炒用。主产于辽宁、甘肃、湖北等地。

【性味归经】苦、辛，微寒。入肝、胆经。

【功效】解表退热，疏肝解郁，升阳举陷。

【主治与应用】

（1）解表退热。本品辛苦微寒，轻清上浮而散，有良好的透表泄热作用。无论风寒表证、风热表证以及半表半里证均适宜。用于：①外感风寒表实证，配荆芥、防风、紫苏、羌活；②外感风热表证，配薄荷、葛根、银花、连翘、黄芩、牛蒡子等；③外感风热病邪入半表半里证，配黄芩、半夏、防风、荆芥、甘草等，如小柴胡汤。

（2）疏肝解郁。柴胡芳香疏散，长于疏泄肝胆，调理肝气，为疏肝解郁的要药。常用于：①肝气郁滞之腹胁疼痛，配当归、白芍、白术、茯苓、甘草等；②肝胆郁热之黄疸证，配郁金、姜黄、茵陈、大黄、栀子等。

（3）升阳举陷。柴胡轻清，主升浮，有升提作用，用于脾气下陷所致的泻泄、脱肛、子宫垂脱，常配升麻、黄芪、党参、白术等。

【禁忌】气逆不降，阴虚火旺，或虚阳上浮者忌用。

【用量】马、牛：15~46 g；猪、羊：6~15 g；犬、猫：3~5 g；禽、兔 1~3 g。

【按语】柴胡味辛苦，性微寒，体轻升浮，有解表泄热、疏肝解郁、升阳举陷、和解表里、调和肝脾、通利三焦、推陈致新的功效，是一味性质平和而应用最广的药物。本品生用和解力大，酒炒升散力大，醋炒注肝而活血止痛。欲和解表里，配黄芩；欲疏解肝气，配当归、白芍、香附；欲升举中气，配升麻、黄芪、党参。

柴胡与龙胆草均能疏解肝热，但柴胡长于治肝胆虚火，龙胆草长于治肝胆实火。柴胡与葛根均能发表泄热，但柴胡适用于寒热往来，葛根适用于发热兼口渴。

【现代研究】本品含挥发油、脂肪油、植物甾醇、皂苷、芦丁。本品有良好的解热作用，特别适用于弛张热。还有利胆及抗脂肪肝的作用；在试管内有抑制结核杆菌生长的作用，并能抑制流感病毒；有镇痛、镇静、镇咳、抗炎、抗脂质过氧化、抗肿瘤等作用。

（三）升　麻

升麻为毛茛科多年生草本植物大三叶升麻和升麻的根茎。生用或炙用。主产于辽宁、广东、四川等地。

【性味归经】辛、甘，微寒。入肺、脾、胃经。

【功效】发表散热，解毒透疹，升阳举陷。

【主治与应用】

（1）发表散热。本品甘辛微寒，轻浮上行，能发散肌表之热，用于外感风热表证。配柴胡、薄荷、银花、菊花等，以发散表热；配柴胡、葛根、白芷、黄芩、白芍、甘草等，治猪牛风热感冒，有较好的效果。

（2）解毒透疹。用于痘疹初期，配葛根、芍药、甘草，如升麻葛根汤；若痘疹热毒偏盛，可再加银花、连翘、土茯苓，以增强解毒功效。

（3）升阳举陷。本品轻扬上浮，长于升举脾胃下陷之气，常与补益脾气药合用以增强疗效；如用于中气下陷之久泻、久痢脱肛、子宫外脱，常配党参、黄芪、白术、甘草等，如升陷回阳汤（党参、升麻、甘草）、补中益气汤（黄芪、党参、当归、陈皮、升麻、柴胡、白术、炙甘草）用升麻以升阳举陷。

【用量】马、牛：15~46 g；猪、羊：6~15 g；犬、猫：1—3 g；禽、兔：1—3 g。

【按语】升麻味辛性凉，能升散阳明热毒由内达外，又能清轻发散表热。用于痘疹热毒，常与葛根配伍；用于外感风热，常与银翘同伍。李东垣根据脾胃升降特点，选补脾益气药与升阳举陷药配伍，组成补中益气汤，治中气下陷的久泻、脱肛、子宫脱垂等，每收良效。现代临床研究证明，补脾益气药只有与升阳举陷药配伍，才见功效。

【现代研究】本品含苦味素、微量生物碱。有解热、解毒、发汗、镇静、止痛作用；能增强平滑肌的收缩，对肠肌弛缓、膀胱括约肌麻痹有效，对未孕子宫有兴奋作用；对结核杆菌和常见的致病性皮肤真菌有抑制作用。

（四）葛　根

葛根为豆科多年生藤本植物葛的根。生用或煨用。全国大部分地区有产，主产于湖南、浙江、四川等地。

【性味归经】甘、辛，凉。入脾、胃经。

【功效】发汗解肌，透疹解表，生津止渴，升阳止泻。

【主治与应用】

（1）发汗解肌。本品甘辛，升发疏散，发汗解表泄热。用于：①外感风热表实证，配柴胡、石膏、黄芩、菊花等；②风寒表实无汗证，配麻黄、桂枝、白芍、甘草、生姜等。

（2）透疹解表。本品升散，善于透发痘疹，用于痘疹初期。如配升麻、牛蒡子、赤芍、蝉蜕、荆芥、防风、栀子等，可治羊痘、猪痘等。

（3）生津止渴。本品辛，主升发，能鼓舞胃气上行而生津液，用于热病伤津口渴，配芦根、天花粉、石斛、麦冬等。

（4）升阳止泻本品煨用，借以升发脾胃清阳而止泻。用于：①脾虚泻泄，配白术、茯苓、党参、木香、藿香、甘草等，如七味白术散；②热泻热痢，配黄连、黄芩、甘草等，如葛根芩连汤。

【用量】马、牛：15~60 g；猪、羊：6~12 g；犬、猫：3~5 g；禽、兔：1.5~3 g。

【按语】葛根生用发汗解表，发表透疹，生津止渴；煨用升阳止泻。其解热作用甚佳，用于邪郁肌表，身热不退，无论口渴与否，有汗无汗均相宜。

葛根与石膏均能解肌热。但葛根解外感风热所致的肌热，证见脉浮数，口渴而少饮者，石膏解胃热上逆所致的肌热，证见脉洪大，口渴喜饮者。

【现代研究】本品含大量的淀粉、黄酮苷。有明显的解热作用和降压作用，能扩张脑血管和心血管，增大血流量；能解除肌肉的痉挛；葛花醒酒止渴，能解酒毒；动物实验表明，葛根对静脉注射垂体后叶素所引起的急性心肌缺血性反应有保护作用。

（五）桑　叶

桑叶为桑科落叶小乔木植物桑树的叶，经霜后采收为霜桑叶。生用或炙用。全国大部分地区均产，以南部产量较大。

【性味归经】苦、甘，寒。入肺、肝经。

【功效】疏风清热，清肝明目。

【主治与应用】

（1）疏风清热。本品甘凉轻清，善清肺经及肌表之热。用于：①肺热或肺燥咳喘，配枇杷叶、沙参、麦冬、黄芩等；②外感风热，发热咳喘，配菊花、连翘、薄荷、杏仁、桔梗、甘草等。

（2）清肝明目。用于风热所致的目赤肿痛，睛生翳膜，配菊花、生地、白蒺藜、决明子、蔓荆子等。《抱犊集》中以本品配野菊花、金银花、杨柳叶煎水外洗，治牛眼病翼状胬肉。

【用量】马、牛：15~50 g；猪、羊：6~15 g。犬、猫 3~5 g；禽、兔：1.5~3 g。

【按语】桑叶轻清发散，能退风热之邪，其性甘寒，有清肝明目之效，为疏解表热，清泄肝肺，明目退翳的要药。

【现代研究】本品含芸香苷、槲皮素、挥发油、少量有机酸及胆碱、维生素 A、维生素 B 等。有解热、祛痰、利尿、降血压、降血糖作用和抗菌作用，鲜桑叶煎剂体外实验发现，对金黄色葡萄球菌、乙型溶血性链球菌、白喉杆菌和炭疽杆菌均有较强的抑制作用，对大肠杆菌、伤寒杆菌、痢疾杆菌、绿脓杆菌也有一定的抑制作用。煎剂还有杀钩端螺旋体的作用。

（六）菊　花

菊花为菊科多年生草本植物菊的头状花序。分白菊、杭菊、滁菊、野菊等。主产于浙江、安徽等地。

【性味归经】辛，甘，苦，微寒。入肝、肺经。

【功效】疏风清热，清热解毒，清肝明目。

【主治与应用】

（1）疏风清热。本品体轻达表，气清上浮，性凉泄热，用于外感风热或温病初起。用黄菊配桑叶、连翘、薄荷、银花、板蓝根等。

（2）清热解毒。用于热毒痈肿，红肿疼痛，用菊的鲜叶捣敷或配蒲公英、夏枯草、木芙蓉叶捣敷。

（3）清肝明目。本品甘寒益阴，苦寒泄热，长于清肝明目。用于：①风热目赤或肝热目赤，用白菊花配桑叶、夏枯草、蔓荆子、白蒺藜等，亦可配蒲公英捣汁点眼，如用蒲公英 30 g、野菊花 30 g 捣烂，过滤点眼，治牛肝热传眼，目赤肿痛，效果良好；②肝肾阴虚，眼目失明，用杭菊配枸杞子、熟地、山药、丹皮等，如杞菊地黄汤。

【用量】马、牛：15~46 g；猪、羊：3—12 g；犬、猫 3~5 g；禽、兔：1~3 g。

【附药】野菊花为菊科植物野菊的花序。味苦、辛，性凉。功效为清热解毒，凉血降压。主要用于疮黄肿毒、“流感”“流脑”等。

【按语】菊花有黄白之分，效用相似，均能疏风清热，清肝明目。但黄菊清透疏风力优，白菊平肝明目力优，野菊清热解毒力优。

菊花与桑叶均能疏风泄热，清肝明目。但菊花长于清肝明目，桑叶长于疏风散热。

菊花与防风均为治风要药。但菊花偏治周身游风而发散风热，防风偏祛周身筋骨伏风而发散风寒。

【现代研究】本品含菊苷、腺嘌呤、氨基酸胆碱、黄酮类、维生素 A、维生素 B_1。菊花挥发油对葡萄球菌、链球菌、痢疾杆菌、绿脓杆菌、流感病毒、皮肤真菌等有抑制作用；本品能麻痹中枢神经，大量使用有显著的解热作用，但有阻碍呼吸和循环之弊；野菊花有降压作用。

（七）牛蒡子

牛蒡子为菊科植物牛蒡的干燥成熟果实。生用或炒用。主产于河北、东北、浙江、四川、湖北等地。

【性味归经】辛、苦，寒。入肺、胃经。

【功效】疏散风热，解毒消肿。

【主治】外感风热，疮黄肿毒，咽喉肿痛。

【应用】

（1）外感风热：风热感冒，咽喉肿痛，常配伍金银花、连翘、荆芥、桔梗等，如银翘散。

（2）咽喉肿痛：常配伍大黄、薄荷、荆芥、防风等，如牛蒡汤。

（3）痈肿疮毒：常与大黄，栀子、连翘、薄荷等同用。

（4）麻疹；麻疹不透或透而复隐，常与薄荷、荆芥、蝉蜕、紫草等配伍，如透疹汤。

【用量】马、牛：15~45 g；猪、羊：5—10 g；犬、猫：2—5 g。

【注意事项】气虚泄泻者慎用。

【成分】含牛蒡苷、牛蒡酚、松脂醇、β 3- 谷甾醇和胡萝卜苷等。

【药理】

（1）牛蒡苷能直接抑制或灭活流感病毒。

（2）提取物具有利尿和改善肾脏代谢功能的作用，牛蒡苷元对静脉注射抗肾血清引起的大鼠免疫性肾炎也有对抗作用。

（3）水浸剂对多种皮肤真菌均有不同程度的抑制作用。

（八）蝉　蜕

蝉蜕为蝉科昆虫黑炸的若虫羽化时脱落的皮壳。晒干入药。全国各地均产。

【性味归经】甘、咸，寒。入肺、肝经。

【功能主治】散风热，退目翳，定惊厥。主治外感风热，目赤肿痛，破伤风。

【用量】马、牛：15~30 g；猪、羊：3~15 g。

【应用】

（1）外感风热、温病初期或痘疹初期有表证者，常与薄荷、桑叶、菊花、升麻、葛根等同用。

（2）外感风热或肝火上炎所致的目赤肿痛、翳膜遮睛，常与菊花、谷精草、白蒺藜等同用。

（3）破伤风出现四肢抽搐，可与全蝎、天南星、防风等同用。

【药理】含甲壳质、蛋白质、氨基酸、微量元素钙和铝等，具有止痉、止咳、镇静作用，蝉蜕提取液能明显减轻免疫器官胸腺和脾脏的重量及明显降低腹腔巨噬细胞的吞噬功能。

第二节　清热药

凡以清解里热为主要作用的药物，称为清热药。

本类药物性属寒凉，多具泻火、燥湿、解毒、凉血及清虚热等功效。主要用于表热已解、积滞已除的外感热病、高热不退、烦渴引饮、热痢肠黄、湿热黄疸、血分郁热、温毒发斑、痈肿疮毒及阴虚发热等证见口色赤红、脉象洪数的病症。

热证随病程的发展，可出现各种不同的表现。热盛可以转化为火，火盛可以转化为毒或入气入血。其发病机制复杂，引发原因很多，而且治法不一。应用时首先要辨清表里虚实，明确邪热所在部位。热在气分，应用清热泻火药；热在血分，当选清热凉血药。如系实热证则有清热泻火、清营凉血、气血两清等用药规律；若为虚热证则有清热凉血、养阴透热及滋阴清热、凉血除蒸之派药原则。同时，还须根据兼证，随证配伍用药。如热证兼有表邪者，当先解表后清里，或与解表药同用，以期表里双解；若里热积滞较盛，则应与泻下药共施，旨在通腑泄热。

由于清热药物药性寒凉易伤脾胃，脾胃气虚、食少便溏者慎用；清热药物大多性味苦寒，易伤津化燥、损阴耗津，故阴虚津伤者也应当慎用；如遇阴盛格阳，真寒假热之证，更不可妄用，针对热邪所犯部位属气分还是血分，属实热还是虚热等不同情况，清热药可分为清热泻火药、清热燥湿药、清热解毒药、清热凉血药和清虚热药五类。

一、清热泻火药

（一）知　母

【性味归经】苦，寒。入肺、胃、肾经。

【功效】为清肺胃火之主药。还能润燥滑肠，滋阴生津。

【主治】肺胃实热，热病烦渴，阴虚潮热，肺虚燥咳，大便燥结等。

【附注】“知母止咳而骨蒸退”。知母上能清肺火，滋阴润肺治咳喘，去咽喉之痛；在中则退胃火，止烦渴；在下则利二便，滋肾阴，去膀胱湿热，治腰肢肿痛。骨蒸即午后或夜间定时低热，也称为潮热，为阴虚所致。

本品含知母皂苷、黄酮苷、烟酸等，有解热、祛痰、利尿和抑菌作用。

（二）石　膏

【性味归经】辛、甘，大寒。入肺、胃经。

【功效】清热泻火，生津止渴。外用收敛生肌。

【主治】壮热贪饮，狂躁不安，肺热咳嗽，胃热不食，咽喉肿痛。煅石膏外用治创伤、溃疡等。

【附注】“石膏治头痛解饥而清烦渴”。石膏能清阳明胃火及气分实热，故能治头痛、齿痛之疾，以及因气分实热所致的烦渴等症；石膏能使邪热透表而解，使肌肤松畅，故能解肌。

石膏粉治鸡啄羽癖：石膏粉，每天 1~3g。拌入饲料内喂服，连服 1 周。

本品主要成分为含水硫酸钙，可抑制发热中枢而起解热作用，并能抑制汗腺分泌。此外，还能降低血管的通透性和抑制骨骼肌的兴奋性而起消炎、镇静、解痉等作用。

（三）栀　子

【性味归经】苦，寒。入心、肺、肝、胃、三焦经。

【功效】清热泻火，利湿退黄，凉血止血。

【主治】热病烦躁，疮黄疔疔毒，目赤肿痛，湿热黄疸，热性出血等。

【附注】栀子为泻三焦实火之要药，又能凉血止血，善治因血热妄行所引起的鼻苦。新鲜栀子可解闹羊花中毒，鲜品捣烂冲服。

本品含栀子素、栀子苷、果酸、鞣酸等成分，能增加胆汁分泌，故有利胆作用；能抑制体温中枢，故有解热、镇静作用；此外，还有止血、利尿、抑制多种皮肤真菌等作用。

（四）夏枯草

夏枯草为唇形科植物夏枯草的果穗或全草。生用。主产于我国各地。

【性味归经】苦、辛，寒。入肝、胆经。

【功能主治】清肝火，散郁结。主治目赤肿痛，疮肿瘰疬，乳痈。

【用量】马、牛：15~60 g；猪、羊：5~10 g；犬：3~5 g；兔、禽：1~3 g。

【应用】(1) 肝火上炎所致的目赤肿痛，常与菊花、决明子、黄芩等同用。

(2) 疮肿瘰病，常与玄参、贝母、牡蛎、昆布等同用。

(3) 乳房肿痛，常与蒲公英、连翘等同用。

【药理】含三萜、甾体、黄酮、香豆素、挥发油及糖类化合物等，具有抗炎、抗菌等作用。

(五) 淡竹叶

淡竹叶为禾本科植物淡竹的干燥茎叶。生用。主产于浙江、江苏、湖南、湖北、广东等地。

【性味归经】甘、淡，寒。入心、胃、小肠经。

【功能主治】清热，利尿。主治心热舌疮，尿短赤，尿血。

【用量】马、牛：15~45 g；猪、羊 5~15 g；兔、禽：1~3 g。

【应用】

(1) 心经实热所致的口舌生疮，尿短赤等，常与木通、生地等同用，如导赤散。

(2) 尿血，常与车前子、槐花、侧柏、艾叶等同用。

【药理】含牡荆素、胸腺嘧啶、香草酸、腺嘌呤、3,5- 二甲氧基 -4- 羟基苯甲醛、反式对羟基桂皮酸、苜蓿素等，具有利尿、解热、抑菌和抗病毒等作用。

(六) 芦　根

芦根为禾本科植物芦苇的新鲜或干燥根茎。切段生用。各地均产。

【性味归经】甘，寒。入肺、胃经。

【功能主治】清热生津，止呕，利尿。主治咳嗽，肺痈，胃热呕吐，高热贪饮。

【用量】马、牛：30~60 g；猪、羊：10—12 g；犬：5~6 g。

【应用】

(1) 肺热咳嗽、外感咳嗽及痰火咳嗽，常与黄芩、桑白皮等同用；肺痈，常与冬瓜仁、薏苡仁，桃仁等同用，如苇茎汤；胃热呕逆，常与竹茹等同用。

(2) 热病伤津、烦热贪饮、舌燥津少，常与天花粉、麦冬等同用。

【药理】含阿魏酸、亚麻酸素、芦根多糖、蛋白质、维生素和矿物质等，具有抗菌、溶解胆结石、解毒保肝等作用。

（七）胆　汁

胆汁为猪科动物猪牛科动物牛，以及羊等的鲜胆汁。

【性味归经】苦、寒。入心、肝、胆经。

【功能主治】泻肝胆火，润燥滑肠。主治目赤肿痛，粪便秘结。

【用量】马、牛：200~250 mL；猪、羊：10~20 mL。

【应用】

（1）肝火上炎所致的目赤肿痛、睛生翳障等，常与菊花、黄连、决明子、夏枯草等同用。

（2）热结胃肠所致的粪便秘结，可单用或与大黄、芒硝等配伍。

【药理】猪胆汁含胆酸、胆色素、黏蛋白、脂类及无机物等，具有抗炎、抑菌和止咳作用。

二、清热燥湿药

（一）黄　连

【性味归经】苦，寒。入心、肝、胃、大肠经。

【功效】清热燥湿，泻火解毒，清心除烦。

【主治】口舌生疮，肠黄，痢疾，目赤肿痛，疮黄肿毒，瘟疫热病等。

【附注】“黄连泻火燥湿又治舌疮目赤”。黄连苦寒，苦能燥湿，寒能泻火，且苦能入心，心开窍于舌，故能治疗下痢、目赤、舌疮等湿热为患或心火过旺所致的病证。

本品含小壁碱以及黄连碱等多种生物碱，其中，小檗碱被现代临诊大量应用（即黄连素），有广谱抗菌作用；能增强白细胞的吞噬能力，并有利胆、扩张末梢血管、降压以及和缓的解热作用。

（二）黄 芩

【性味归经】苦，寒。入心、肺、肝、胆、大肠、小肠经。

【功效】清热燥湿，泻火解毒，止血，安胎。

【主治】肺热咳嗽，咽喉肿痛，湿热黄疸、痢疾、淋浊，热性出血，胎动不安等。

【附注】“黄芩治诸热兼治五淋”。黄芩苦能燥湿，寒能清热，能清脏腑诸热，善清泻肺火，治肺热咳嗽，咽喉不利；又善清肝胆，治寒热往来；更能清大肠，治下痢脓血；清心与小肠并有利尿作用，故常用其治热淋、血淋等证。

本品含黄芩素、黄芩苷等，有解热、镇静、降压、利尿和降低毛细血管的通透性，抑制肠管蠕动等作用。并有抑菌作用。

（三）黄 柏

【性味归经】苦，寒。入肾、膀胱经。

【功效】清热燥湿，泻火解毒，退虚热。

【主治】湿热痢疾、黄疸，疮黄肿毒，淋浊，潮热等。

【附注】“黄柏疮用”。黄柏泻火解毒，善治下焦火热。治疗痈疽疮肿，内服外敷均可。

黄连、黄柏、黄芩都属清热燥湿药，其共同点是都能治疗湿热证，如下痢腹泻，小便不利，黄疸，疮疖痈肿。但黄芩长于泻肺火而解肌热，黄连长于泻心火而除燥热，黄柏长于泻肾火而退虚热。

本品含小檗碱、黄柏酮等，有保护血小板及利胆利尿、扩张血管、降低血压及退热作用。抗菌作用似黄连但作用稍弱。

（四）龙胆草

【性味归经】苦，寒。入肝、胆、膀胱经。

【功效】清热燥湿，泻肝胆实火，定惊解痉。

【主治】目赤肿痛，黄疸，胃热慢草，湿热泄泻，阴囊湿肿等。

【附注】“龙胆泻肝胆火除下焦湿热”。龙胆草苦寒，善泻肝胆实火，治肝胆湿热所致多种疾患。“下焦湿热”系指湿热下注所致的下痢、关节肿胀、阴部湿痒以及小便淋浊等多种疾病。

本品含龙胆苦苷、龙胆碱等，能促进胃液分泌，少量内服可帮助消化；还有消炎、解热和抑菌作用。

（五）苦　参

苦参为豆科植物苦参的干燥根。切片生用。主产于山西、河南和河北等地。

【性味归经】苦，寒。入心、肝、胃、大肠、膀胱经。

【功能主治】清热燥湿，祛风杀虫，利尿。主治湿热黄疸，泻痢，疥癣。

【用量】马、牛：15~60 g；猪、羊：6~15 g；犬：3~8 g；兔、禽：0.3~1.5 g。

【应用】

（1）湿热黄疸，常与栀子、龙胆草等同用。

（2）泻痢，单用或与木香、甘草等同用。

（3）疥癣，常与雄黄、枯矾等同用。

【药理】含苦参碱、槐果碱、金雀花碱、苦参酮、苦参醇等，具有抗菌、抗病毒、保护胃黏膜，以及抗蓝氏贾第鞭毛虫、阿米巴原虫、滴虫等作用。

（六）胡黄连

胡黄连为玄参科植物胡黄连的干燥根茎。切片生用。主产于西藏、云南等地。

【性味归经】苦，寒。入心、肝、胃和大肠经。

【功能主治】清热燥湿，退虚热。主治湿热泻痢、阴虚发热。

【用量】马、牛：15~30 g；猪、羊：3~10 g；兔、禽：0.5~1.5 g。

【应用】

（1）湿热所致的肠黄泻痢，常与地榆、车前子、苍术、茵陈等同用。

（2）阴虚发热，常与银柴胡、地骨皮等同用。

【药理】含胡黄连苦苷、香草酸、肉桂酸和阿魏酸等，具有抗真菌、收缩子宫等作用。

（七）秦　皮

秦皮为木樨科落叶乔木植物苦枥白蜡树（大叶白蜡树）或小叶白蜡树的茎皮，

生用。分布于辽宁、吉林和河北等地。

【性味归经】苦、涩，寒。入肝、胃、大肠经。

【功效】清热燥湿，清肝明目。

【主治与应用】

（1）清热燥湿。本品苦能燥湿，涩能敛肠，寒能泄热，故用于湿热泻痢，配黄连、黄柏、白头翁等，如白头翁汤、白虎汤。

（2）清肝明目用于肝热目赤肿痛，可煎水外洗或与菊花、黄连、龙胆草、柴胡等内服，效果亦好。

【用量】马、牛：30~60 g；猪、羊：10~3 0g；犬、猫：3~8 g；禽、兔：2~5 g。

【按语】秦皮味苦气寒，其性滞涩，为清热收敛之品，既能止痢，又能明目。李时珍曰："此药乃惊、痫、崩、痢所宜，而人止知其治目一节，几乎废弃，良为可惋。"多在复方中应用取效。

秦皮与黄连均苦寒，为清热燥湿之品。但黄连作用较强兼有泻心火之功；而秦皮化湿热兼有涩肠止泻之效。

白头翁与秦皮均能治痢，但前者偏于凉血清热；后者偏于清热涩肠。

（八）三颗针

三颗针为小檗科植物九节小檗和刺黑珠或川西小檗、细叶小檗以及同属多种植物。全株入药。产于东北、内蒙古、河北和贵州等地。

【性味归经】苦，寒。入胃、肝、大肠经。

【功效】清热燥湿，泻火解毒。

【主治与应用】

（1）清热燥湿。常用于温热内蕴之泄泻痢疾、湿疹等。治泻痢配白头翁、苦参、凤尾草等；治湿疹配苦参、忍冬藤等。

（2）泻火解毒。适用于痈疽癌肿、耳赤肿痛、口舌生疮等，配银花、连翘、甘草等。

【用量】马、牛：30~60 g；猪、羊：15~30 g；犬，猫：3~8 g；禽、兔：2~5 g。

【按语】本品主含小檗碱。凡属三颗针植物，均可提取小檗碱，是制造黄连素的主要药物资源，临床可代替黄连、黄柏用。

【现代研究】本品主含小檗碱，以根皮、茎皮含量较高。对痢疾杆菌、绿脓杆菌、葡萄球菌、猪丹毒杆菌、猪巴氏杆菌均有抑制作用；有降压作用，其小檗碱可合成小檗胺，可作家畜肌肉松弛剂。

（九）凤尾草

凤尾草为凤尾蕨科多年生常绿草本植物凤尾草（俗称井栏边草）的全草。分布于云南、四川、广东、广西、湖南、江西、浙江、安徽、江苏、福建和台湾等地。

【性味归经】苦，寒。入大肠、膀胱经。

【功效】清热利湿，凉血止痢。

【主治与应用】

（1）清热利湿。本品苦寒，清热燥湿作用强，适用于：①湿热泄泻，单用或配铁苋菜、马齿苋、忍冬藤等；②湿热结于膀胱之热淋证，配车前、滑石、瞿麦、木通、甘草等；③湿热黄疸，配茵陈、金钱草、板蓝根、栀子等。

（2）凉血止痢。用于热毒血痢，配黄连、白头翁等；用于血热尿血，配瞿麦、木通、小蓟；用于湿热便血，配槐花、地榆等。

（3）其他。外用可治乳房红肿、湿疹和痔疮等。

【用量】马、牛（鲜品）：150~250 g；猪、羊：60~120 g；犬，猫：10~30 g；禽、兔：5~10 g。

【按语】本品苦寒，除湿清热，为治湿热泻痢和湿热尿淋的良药。为收敛止血、止痢药。适用于泄泻、痢疾、肠出血、尿血和痔疮出血等证。

本品对各种出血有效，并有清热解毒消炎之功效。有人用凤尾草 500g，银花 30 g，鸡矢藤 30 g，柿蒂 8 个，煎水 30 min，加少许食盐服，治疫毒痢，每收良效。

三、清热凉血药

（一）生　地

生地为玄参科植物地黄的新鲜或干燥块根。切片生用。新鲜者，习称鲜地黄；慢慢焙至约八成干者，习称生地黄。主产于河南、河北、东北及内蒙古等地。

【性味归经】甘、苦，寒。入心、肝、肾经。

【功能主治】清热凉血，滋阴生津。主治阴虚内热，鼻衄，尿血，津亏便秘。

【用量】马、牛：30~60 g；猪、羊：5~15 g；犬：3~6 g；兔、禽：1~2 g。

【应用】

（1）热病后期，阴虚内热所出现的低热不退，口色红，脉细数，盗汗，常与青蒿、鳖甲、地骨皮等配伍。

（2）血分热或血热妄行而致的鼻衄、尿血，常与侧柏叶、丹皮、茜草等同用。

（3）高热伤律所致口干舌红，津亏便秘，可与玄参、麦冬等配伍，如增液汤。

【药理】含梓醇、阿魏酸、胡萝卜苷等，具有抗真菌、升高血压、降血糖、强心利尿、止血和增强免疫等作用。

（二）牡丹皮

牡丹皮为毛莨科植物牡丹的干燥根皮。切片生用或炒用。主产于安徽、山东、湖南、四川和贵州等地。

【性味归经】苦、辛，微寒。入心、肝、肾经。

【功能主治】清热凉血，活血散瘀。主治血热出血，瘀血肿痛。

【用量】马、牛：15~30 g；猪、羊：3~10 g；犬：3~6 g；兔、禽：1~2 g。

【应用】

（1）热入营血所致的鼻衄、便血、发斑等，常与生地、玄参等同用。

（2）跌打损伤等所致瘀血肿痛，常与当归、赤芍、桃仁、乳香、没药等配伍。

【禁忌】孕畜慎用。

【药理】含丹皮酚、白桦脂酸、齐墩果酸、没食子酸等，具有镇静、镇痛、抗惊厥、解热、抗凝血、抗过敏和抑菌等作用。

（三）地骨皮

地骨皮为茄科植物枸杞的干燥根皮。切段生用。主产于宁夏、甘肃和河北等地。

【性味归经】甘，寒。入肺、肾、肝经。

【功能主治】清热凉血，退虚热。主治血热妄行，阴虚发热，肺热咳嗽。

【用量】马、牛：15~60 g；猪、羊：5~15 g；兔、禽：1~2 g。

【应用】

（1）血热妄行所致的鼻衄、尿血，常与生地、丹皮等同用。

（2）阴虚发热，盗汗，常与知母、胡黄连、秦艽等同用。

（3）肺热咳嗽，可与桑白皮等配伍。

【药理】含甜菜碱、莨菪亭、β－谷甾醇、大黄素和大黄素甲醚等，具有降血糖、降血压、解热、抗菌等作用。

（四）白头翁

白头翁为毛茛科植物白头翁的干燥根。生用。主产于东北、内蒙古及华北等地。

【性味归经】苦，寒。入大肠、胃经。

【功能主治】清热解毒，凉血止痢。主治湿热泄泻，热毒血痢。

【用量】马、牛：15~60 g；猪、羊：6~15 g；犬，猫：1~5 g；兔、禽：1.5—3 g。

【应用】

肠黄作泻、下痢便血、里急后重等，常与黄连、黄柏、秦皮等同用，如白头翁汤。

【药理】含白头翁皂苷、白头翁素、原白头翁素和白桦脂酸等，具有镇静、镇痛、止泻、止血、抑菌、抗痉挛及抑制阿米巴虫的繁殖和生长等作用。

（五）玄　参

玄参为玄参科植物玄参的干燥根。切片生用。主产于浙江、湖北、安徽、山东、四川、河北和江西等地。

【性味归经】甘、苦、咸，寒。入肺、胃、肾经。

【功能主治】清热养阴，润燥解毒。主治阴虚内热，咽喉肿痛，阴虚便秘。

【用量】马、牛：15~45 g；猪、羊：5~15 g；犬、猫：2~5 g；兔、禽：1—3 g。

【应用】

（1）热病伤阴，口渴舌绛，常与生地、麦冬、黄连、金银花、连翘等同用，如清营汤。

（2）咽喉肿痛，常与生地、桔梗、栀子、葛根、黄芩等同用。（3）肠燥便秘，常与生地、麦冬配伍，如增液汤。

【禁忌】不宜与藜芦同用。

【药理】含有环烯醚萜类、苯丙素苷、黄酮类、脂肪酸及挥发油等，具有解热、抗炎、抗氧化、抑菌、提高脑血流量等作用。

（六）水牛角

水牛角为牛科动物水牛的角。镑片或锉成粗粉。南方各地均产。

【性味归经】苦、咸，寒。入心、肝经。

【功能主治】凉血止血，清心安神，泻火解毒。主治高热神昏，血热出血，惊风和惊厥。

【用量】马、牛：90~150 g；猪、羊：20—50 g；犬、猫：3—10 g。

【应用】

（1）血热妄行所致的鼻衄、尿血等，常代犀角，与生地、玄参、丹皮等同用，如犀角地黄汤。

（2）热扰心神所致的惊厥、惊风等，可代犀角，与生地、丹皮、黄连、石菖蒲、黄芩、茯苓等同用。

【禁忌】孕畜慎用。畏川乌、草乌。

【药理】含氨基酸、常量和微量元素等，具有强心、止血、增强免疫等作用。

（七）紫　草

紫草为紫草科植物紫草、新疆紫草或内蒙古紫草的干燥根。切片生用。主产于辽宁、湖南、湖北和新疆等地。

【性味归经】甘，寒。入心、肝经。

【功能主治】凉血活血，解毒透疹。主治热毒发斑，痈肿溃疡，烫火伤。

【用量】马、牛：15~45 g；猪、羊：5~10 g；兔、禽：0.5~1.5 g。

【应用】

（1）热入营血所致发斑等，常与生地、丹皮和赤芍等同用。

（2）痈肿溃疡，常与当归、白芷、血竭等熬膏外敷。

（3）烫火伤，单用或与当归、金银花、白芷等同用。

【药理】含紫草素和乙酰紫草素等，具有抗炎、抗病毒、抗菌和止血等作用。

四、清热解毒药

本类药物性质寒凉，清热之中更长于解毒，具有清解火热毒邪的作用。主要适用于痈肿疮毒（现代兽医学的化脓性感染）、丹毒、瘟毒发斑、痄腮、咽喉肿痛、热毒下痢、虫蛇咬伤、癌肿、水火烫伤以及其他急性热病等。

咽喉是肺胃的门户，引起肿痛的原因有三：①肺胃的热毒盛，尤其是胃经的热毒盛（红肿疼痛比较明显）；②风热犯肺也可能郁结于咽喉，需要疏风热来利咽喉；③阴虚火旺，虚火上炎（足少阴肾经是循咽喉的）。

山药物比较多，相对地可以分几组：①温热病的清热解毒药；②疮痈肿痛的清热解毒药（相对治疗疮痈最有用）；③治疗热毒痢疾为主；④治疗热毒咽喉肿痛为主。

（一）金银花

金银花为忍冬科植物忍冬、红腺忍冬的干燥花蕾。生用或炙用。除新疆外，全国均产，主产于河南、山东等地。

【性味归经】甘，寒。入肺、胃、大肠经。

【功效】清热解毒。

【主治】

（1）本品具有较强的清热解毒作用，多用于热毒痈肿，有红、肿、热、痛症状属阳证者，常与当归、陈皮、防风、白芷、贝母、天花粉、乳香、穿山甲等配伍，如仙方活命饮。

（2）兼有宣散作用，可用于外感风热与温病初期，常与连翘、荆芥、薄荷等同用，如银翘散。

（3）治热毒泻痢，常与黄芩、白芍等配伍。

【用量】马、牛：15~60 g，猪、羊：5—10 g，犬、猫：3~5 g，兔、禽：1~3 g。

【禁忌】虚寒作泻，无热毒者忌用。

【主要成分】含绿原酸、异绿原酸、木樨草素等。

【药理研究】对痢疾杆菌、伤寒杆菌、大肠杆菌、绿脓杆菌、葡萄球菌、链球菌和肺炎双球菌等有抑制作用，并有抗流感病毒作用。

【附】忍冬藤清热解毒效力不及金银花，但祛风活络作用较强。除用于外感风热，还可用治风湿热痹。

（二）连　翘

连翘为木樨科植物连翘的干燥成熟果实。生用。主产于山西、陕西和河南等地，甘肃、河北、山东和湖北也产。有“青翘”和“老翘”两种炮制的药物。

【性味归经】苦，微寒。入心、肺、胆经。

【功效】清热解毒，消肿散结。

【主治】

（1）本品能清热解毒，广泛用于治疗各种热毒和外感风热或温病初起，常与金银花同用，如银翘散。

（2）既能清热解毒，又可消痈散结，常用于治疗疮黄肿毒等，多与金银花、蒲公英等配伍。

【用量】马、牛：20~30 g，猪、羊：10~15 g，犬：3~6 g，兔、禽：1~2 g。

【禁忌】体虚发热、脾胃虚寒、阴疮经久不愈者忌用。

【主要成分】含连翘酚、齐墩果（醇）酸、皂苷、香豆精类，还有丰富的维生素 P 及少量挥发油。

【药理研究】

（1）连翘酚对金黄色葡萄球菌、痢疾杆菌、溶血性链球菌、肺炎双球菌、伤寒杆菌以及流感病毒有抑制作用。

（2）齐墩果（醇）酸有强心利尿作用，维生素 P 可降低血管通透性及脆性，防止渗血；煎剂有镇吐作用，能抗洋地黄引起的呕吐，还有抗肝损伤的作用。

（3）有显著的解热作用。

（三）板蓝根

板蓝根为十字花科植物菘蓝的干燥根。切片生用。主产于江苏、河北、安徽和河南等地。

【性味归经】苦，寒。入心、肺经。

【功效】清热解毒，凉血，利咽。

【主治】

（1）本品有较强的清热解毒作用，治各种热毒、瘟疫、疮黄肿毒、大头瘟等，常与黄芩、连翘、牛蒡子等同用，如普济消毒饮。

（2）能凉血，用治热毒斑疹、丹毒、血病肠黄等，常与黄连、栀子、赤芍、升麻等同用。

（3）兼有利咽作用，用治咽喉肿痛、口舌生疮等，多与金银花、桔梗、甘草等配伍。

【用量】马、牛：30~90 g；猪、羊：15~30 g；犬、猫：3~6 g；兔、鸡：1~2 g。

【禁忌】脾胃虚寒者慎用。

【主要成分】含靛苷、β－谷甾醇、靛玉红、靛蓝、胞苷、腺苷、精氨酸、告依春、表告依春等。

【药理研究】水煎剂对革兰阳性和阴性细菌均有抑制作用，对流感病毒亦有抑制作用。

【附】大青叶为板蓝根的干燥叶片，生用。功效与板蓝根基本相似。大青叶能清热解毒，凉血消斑。用治各种热毒痈肿、瘟疫、斑疹等，常与黄连、栀子、赤芍、金银花等同用。

（四）鱼腥草

鱼腥草为三白草科植物蕺的干燥地上部分。广泛分布于我国南方各省，鲜品全年采收，干品夏季茎叶茂盛时采收，晒干。

【性味归经】性微寒，味苦。入肺经、膀胱、大肠经。

【功效】清热解毒，排脓消痈，利尿通淋。

【主治】清热解毒，利尿消肿。治肺炎、肺脓疡、热痢、疟疾、水肿、淋病、痈肿、痔疮、脱肛、湿疹、秃疮、疥癣。

【用量】马、牛：60~80 g；犬：9~25 g；猪、羊：15~30 g。

【主要成分】全草含挥发油，其中有效成分为癸酰乙醛等，尚含有机酸等。

【药理研究】提高免疫力，抗菌，抗病毒，抗辐射等。

（五）土茯苓

土茯苓百合科植物光叶菝葜的干燥根茎。多年生常绿攀缘状灌木，多生于山坡或林下，分布于我国安徽、浙江、江西、福建、湖南、湖北、广东、广西、四川和云南等省。常于夏、秋二季采挖，除去须根，洗净后干燥、入药；或趁鲜切成薄片后干燥、入药。

【性味归经】甘淡，平。入肝、胃经。

【功效】解毒，除湿，利关节。

【主治】

（1）治梅毒（人用），淋浊，筋骨挛痛，痈肿，汞中毒所致的肢体拘挛，筋骨疼痛。

（2）可解内痈和外痈。

【用量】马、牛：60~80 g；犬：3~6 g；猪、羊：15~30 g。

【主要成分】含苷类、苷元、二氢黄酮类化合物等。

【药理研究】抗肿瘤，抗钩端螺旋体，解毒等作用。

（六）大青叶

为十字花科两年生草本植物菘蓝的叶。主产于湖南、河北和江西等地。

【性味归经】苦，寒。入心、肺、胃经。

【功效】清热解毒，凉血消斑。

【主治与应用】

（1）清热解毒。本品味苦降泄，性寒能清热泻火，以解热毒。为解瘟疫之毒，清心、胃、肺经实火热毒之要药。常与其他清热药同用。用于：①疫毒性发热，配板蓝根、银花、蒲公英、黄连、栀子、大黄等；②细菌性疫毒痢，配白头翁、黄连、黄芩、白芍、秦皮等；③咽喉肿痛，配射干、山豆根、大力子、玄参等；④疮黄肿毒，红肿热痛，如外科化脓性感染，配银花、蒲公英、赤芍、紫花地丁等。

（2）凉血消斑。本品苦寒，能入血分，能凉血解毒以消斑，用于急性热病、丹毒斑疹等，常单用或配伍清热降火和凉血药用。

【用量】马、牛：30~60 g；猪、羊：15~30 g；犬、猫：3~8 g；禽、兔：2~5 g。

【按语】大青叶能清热凉血，为解毒要药。善清心胃之热邪，泻肝胆之实火，又入血分而散血热，善治斑疹。经临床研究，大青叶配板蓝根、连翘，制散剂冲服，治上呼吸道感染、急性扁桃炎和咽喉炎等，有良好疗效。

（七）败酱草

败酱草为败酱草植物黄花败酱或白花败酱的全草。全国各地都有。

【性味归经】辛、苦，微寒。入胃、大肠、肝经。

【功效】清热解毒，消肿排脓，活血祛瘀止痛。

【主治与应用】

（1）清热解毒，消肿排脓。本品苦寒，能清热解毒，辛散能消痈排脓。用于：①肠黄下痢腹痛，配金银花、大黄、苦参、薏苡仁、桃仁；②疮痈肿痛，单用或配蒲公英、野菊花、芙蓉叶，捣烂外敷；③肺痈咳喘，配鱼腥草、芦根、桔梗等。

（2）活血祛瘀止痛。本品辛散，活血散瘀，主用于治瘀血所致的产后腹痛，配赤芍、桃仁、泽兰等。

【用量】（干品）马、牛：30~120 g；猪、羊：15~30 g；犬、猫：5~10 g；禽、兔：2~5 g。

【按语】败酱草有陈腐之气，类似败酱，故名。本品苦寒，清热解毒，辛散活血散瘀，消肿排脓，对于急性感染而属热毒瘀滞者，最为相宜。

败酱草与蒲公英均能清热解毒，用治痈肿。但败酱草长于清热排脓，偏用于肠痈，蒲公英清热通乳，偏于治乳痈。

（八）马齿苋

马齿苋为马齿苋科一年生肉质草本植物马齿苋的全草。全国各省区均有。

【性味归经】酸，寒。入心、大肠经。

【功效】清热解毒，消痈肿，止血。

【主治与应用】

（1）清热解毒，消痈肿。本品性寒，能清热解毒，能抗化脓性感染。用于：①湿热泄泻、痢疾，单用鲜品捣汁内服有效，也可配野黄麻、辣蓼等；②各种痈肿（肺痈、肠痈、乳痈、疮痈等），单用本品内服外敷均可。

（2）止血。本品可作肠道、子宫出血证的止血剂。实验证明，单用本品内服有明显收缩子宫的作用，用于产后宫缩无力的出血过多及功能出血，有较好的效果。

【用量】（鲜品）马、牛：250~500 g；猪、羊：60~100 g；犬、猫：10~25 g；禽、兔：5~10 g。

五、清热解暑药

（一）香　薷

【性味归经】辛，微温。入肺、胃经。

【功效】祛暑解表，利湿行水。

【主治】暑热外感，吐泻，水肿等。

【附注】“香薷散汗散暑利湿行水”。对役畜在暑天重役出汗后，被阴风大雨侵袭，致使毛孔闭塞，内热不得外泄者宜用本品治之。

因本品含挥发油，具有发汗、解热、利尿等作用。

（二）青　蒿

【性味归经】苦，寒。入肝、胆经。

【功效】清热解暑，退虚热，杀原虫。

【主治】外感暑热，阴虚发热，鸡、兔球虫病等。

【附注】“骨蒸劳热用青蒿”。青蒿对缠绵难解的阴虚发热和寒热往来病例用之较好。“劳热”一方面指阴虚发热，多见于某些慢性消耗性疾病（如结核、原虫病等）中出现的低热现象。另外，也指因中气不足，肺气虚弱，稍有劳累即出现低热的症状。

本品含有青蒿菊酯、青蒿素、青蒿酮、挥发油等，对鸡的球虫病、牛焦虫病都有较好的疗效。

（三）绿　豆

绿豆为豆科植物绿豆的干燥种子。生用。各地均有栽培。

【性味归经】甘，寒。入心、胃经。

【功能主治】清热解毒，消暑止渴。主治暑热口渴，热痈肿毒，中毒轻症。

【用量】马、牛：250~500 g；猪、羊：30~90 g。

【应用】暑热常与甘草、葛根、黄连等同用；中毒常与甘草等同用。

【药理】含蛋白质、淀粉、香豆素、单宁、生物碱、甾醇、皂苷和黄酮类等，有利尿、抗菌、抗病毒和增强机体免疫等作用。

（四）荷　叶

荷叶为睡莲科植物莲的叶片。生用或晒干用。主产于浙江、江西、湖南、江苏、湖北等地。

【性味归经】苦，平。入肝、脾、胃经。

【功能主治】解暑清热，升发清阳。主治暑湿泄泻，便血，尿血，子宫出血。

【用量】马、牛：30~90 g；猪、羊：10~30 g；犬：6~9 g。

【应用】（1）暑热、尿短赤等，常与藿香、佩兰等同用。

（2）暑湿泄泻、脾虚气陷等，常与白术、扁豆等配伍。

【药理】含荷叶碱、莲碱、去甲基荷叶碱、槲皮素等，具有降血压、降血脂、改善血液循环、抗菌等作用。

（五）刘寄奴

刘寄奴为菊科植物奇蒿的干燥全草。生用。主产于东北、河北、河南、山东等地。

【性味归经】辛、苦，寒。入心、肝、脾经。

【功能主治】清暑利湿，消食健脾，活血止痛。主治中暑，食积不化，跌打损伤。

【用量】马、牛：15~60 g；猪、羊：10~15 g。外用适量。

【应用】

（1）中暑，单味鲜品煎水喂服。

（2）食积不化，常与神曲、麦芽、山楂、木香等同用。

（3）跌打损伤，常与当归、川芎、栀子等同用。

【药理】含黄酮、香豆素、单宁和挥发油等，具有抑制血小板聚集和抑制血栓作用。

第三节 泻下药

凡能刺激胃肠引起腹泻，或润滑大肠促进粪便排出，或攻逐水邪消退蓄水的药物，统称泻下药。

泻下药有寒、热两性，有苦、甘、咸、辛四味。苦寒能降泄，甘寒能润燥，咸寒能软坚，辛热能开结，分别用于由各种原因引起的大便秘结及水邪停滞的多种里实证。

泻下药的主要功用有：①攻积导滞，因能迅速排出肠胃的有形积滞，用于里实结滞证，如宿食、结粪或有毒物质、虫积等；②荡涤实热，泻粪可以泄热，使实热瘀滞通过泻粪而解，常用于各种里实热证。如肝胆实热、胃热口渴、齿龈肿痛、目赤肿痛、肺热咳喘、心热舌疮、皮肤痈肿疼痛；③泻积止痛，“六腑以通为用”“痛则不通”“通则不痛”，故用于腑气不通所致的各种疼痛证，如脾胃气滞的腹胀疼痛、肝气郁滞的胸胁疼痛，或湿热泻痢、里急后重等；④润燥滑肠，用于治疗肠燥津少的大便秘结或老畜、弱畜或产后母畜的习惯性秘结；⑤逐水退肿，能使体内水分进入肠道而排出体外，故能消除体内积水或水肿，用于各种蓄水证；⑥破瘀通经，有的泻下药有破瘀通经作用，在破瘀通经药方中适当加入泻下药能协同取效，故可用于症瘦和某些蓄血证。

现代药理研究表明：泻下药能加强胆囊收缩，增加胆汁分泌，有利于胆结石的排除，能改善局部血液循环，促进组织器官的代谢，有利于炎症的消除，使病态机体恢复正常。能刺激肠黏膜增加蠕动，一方面促进血液循环和淋巴循环；另一方面能排除水分使胸水、腹水消退。此外，有的药物还具抗菌消炎、镇痛解痉、润肠及调理胃肠的作用。

应用泻下药的注意事项：①表证未解的病证不可用泻下药，里实而兼表证者宜表里双解；②里证不可缓，若里实应下而失下，常变生他证；③里实而正虚，宜攻补兼施，或先攻后补，攻邪不忘扶正；④热盛而津液已伤的秘结，不可单纯用攻下药，宜配生津滋阴药，以达“增水行舟”之效；⑤用量适当，泻下药作用峻烈，易伤正气，凡胎前产后、弱畜、血虚者不宜过量。

泻下药分攻下药、润下药、逐水药三种。

一、攻下药

攻下药多苦咸性寒，因苦能泻下，咸能软坚，寒能泄热，故适用于实热壅结、宿食停滞，或气滞、血瘀、虫积引起的大便不通、腹胀腹痛等里实证。

苦寒攻下药用于临床，有时并不以攻下积滞为目的。对于某些里实热证，如火热炎上，高热不退，头部充血或出血等，不论有无便结，用苦寒攻下之品，常能导热下行，改善症状，借以达到“釜底抽薪”的目的。若湿热泻痢初起，或里急后重，或食滞泻下，泻而不畅者，酌情配伍攻下药，以攻逐实邪，使邪气除而泻痢自愈，以达“通因通用”之效。

另外，在服用某些驱除肠道寄生虫药物过程中，用攻下药，可促进虫体的排除。中某些毒物之毒时，为迅速排除毒物，有时亦用攻下药。但非里实热证者，不宜用泻下药。

（一）大　黄

大黄为蓼科植物掌叶大黄、唐古特大黄或药用大黄的干燥根茎。生用、蒸用或酒浸炒用。分布于陕西、甘肃东南部、青海、四川西部、云南西北部及西藏东部等地。

【性味归经】苦，寒。入脾、胃、大肠、肝、心包经。

【功效】攻积导滞，泻火凉血，清热化湿，活血祛瘀，解毒敛疮。

【主治与应用】

（1）攻积导滞。本品苦寒降泄，气味重浊，为纯阴之品，善于荡涤胃肠湿热积滞，有推陈致新之功。用于：①实热便秘，腹痛不安，配朴硝、厚朴、枳实等，如《司牧安骥集》中的大黄散（大黄、牵牛子、郁李仁、甘草），治马粪头紧硬、脏腑热秘等；②食积停滞，肚腹胀大，配焦槟榔、炒麦芽等；③寒积便秘，配附子、干姜、白术、甘草等。

（2）泻火凉血。本品苦寒泄降，入血分，善泻火凉血解毒。用于：①热毒内盛所致的疮痈肿毒、咽喉肿痛、齿龈肿痛、口疮舌烂等证而见高热口渴、狂躁不安等，配黄连、黄芩、银花、栀子、蒲公英等。②血热妄行，可用炒大黄配槐花等。若系鼻出血，加配白茅根；若系尿血，可再加配瞿麦、大蓟、旱莲草；若系便血者，可再配地榆、荆芥炭等。

（3）清热化湿。本品苦寒，苦能燥湿，寒能泄热，善于清热化湿。用于：①湿热黄疸，配茵陈、栀子、前仁、黄柏，以加速黄疸的排出；②湿热尿淋，配扁蓄、瞿麦、木通、滑石、栀子仁、前仁等；③湿热带下，配黄柏、土茯苓、白果、苦参、车前子等。

（4）活血祛瘀。本品用酒炒有活血祛瘀之效。用于：①产后瘀血腹痛，胎衣滞留，或恶露不尽等，常用酒大黄配川芎、红花、桃仁、当归、益母草、牛膝等；②跌打损伤，瘀血肿痛，用酒大黄配没药、木香、赤芍．郁金等，亦可配乳香共研末，加酒调敷肿痛处，有消肿止痛功效。

（5）解毒敛疮。本品为末，外用可涂敷黄水疮、湿疹等。若将大黄切后同石灰粉炒至桃红色，研末为桃花散，撒布创伤，治金疮出血，有很好的止血敛疮之效。若与地榆末调麻油外涂，可治烫伤或疮疡溃烂等。亦可配甘草粉外用治溃疡病。

【禁忌】凡脾胃虚弱、胃肠无积滞、产前产后无湿热者忌用。

【用量】马、牛：18~60 g；猪、羊：6~15 g；犬、猫：3~5 g；禽、兔：1.5~3 g。

【成分】含大黄素、大黄酚、芦荟大黄素、大黄酸、大黄素甲醚、大黄酚、儿茶鞣质、游离没食子酸等。

【药理】

（1）具有广谱抗菌作用，蒽醌衍生物为主要抗菌活性成分。

（2）大黄酸可显著抑制巨噬细胞脂类炎性介质活化过程。

（3）大黄素能刺激大肠，使其推进性蠕动增加，而利于排便，但不妨碍小肠对营养物质的吸收。

（4）大黄素能显著抑制角叉菜胶致小鼠足趾肿胀，并随剂量增大，抑制作用增大，能显著抑制醋酸引起的小鼠毛细血管通透性的增加。

（二）芒　硝

芒硝为硫酸盐类矿物质，芒硝族芒硝类，是通过加工而成的结晶体，主要含十水硫酸钠（$NaSO_4 \cdot 10H_{2O}$）。全国均有，主产于河北、河南等地。

【性味归经】苦、咸，大寒。入胃、大肠经。

【功效】软坚泻下，清热泻火。

【主治与应用】

（1）软坚泻下。本品苦能泄降，咸能软坚，泻下清热，为里热燥结实证之要药。用于胃肠实热积滞所致的便结或食滞等，常配大黄、枳实、厚朴、莱菔子等。如《抱犊集》中的穿肠散（风化硝、大黄、枳实、青皮、牙皂、山楂、麦芽、厚朴、苍术等，如果不通再加少许巴豆）治牛大肠秘结、粪便不通。

（2）清热泻火。本品苦寒，外用有清热泻火，解毒消肿之功。用于：①皮肤痈肿、湿疹等，单配成10%~20%溶液热敷患部，促进痈肿消散，或配其他清热药用；②咽喉肿痛，配大力子、天门冬、豆根、黄芩、玄参等；③口腔溃烂，用元明粉配冰片、硼砂外用；④目赤肿痛，可用净芒硝与黄连浸汁点眼。

【用量】马、牛：50~200 g；猪、羊：15~30 g；犬、猫：5~15 g；禽、兔：2~5 g。

【成分】含硫酸钠以及少量的氯化钠、硫酸镁等。

【药理】

（1）硫酸钠口服后，在肠中不易吸收，形成高渗盐溶液，使肠道保持大量水分，肠内容积增大，刺激肠黏膜，反射性地引起肠蠕动亢进而致泻。

（2）芒硝及朴硝均有较强的泻下作用，但抗炎和抑菌作用不明显。朴硝由于含杂质较多，对家兔眼结膜有一定刺激性。

（三）巴　豆

巴豆为大戟科植物巴豆的干燥成熟果实。炒黑用或制霜用。主产于四川、云南、广西，以四川产量最大。

【性味归经】辛，热。有大毒。入胃、大肠经。

【功效】峻泻冷积，逐水退肿，蚀疮排脓。

【主治与应用】

（1）峻泻冷积。本品辛热，辛开热散，为烈性泻药，用于里寒秘结，腹胀疼痛，配大黄、干姜、牵牛子用。如《元亨疗马集》中以马价丸（巴豆、五灵脂、牵牛子、甘遂、大戟、滑石、瞿麦、木香、续随子、大黄、醋香附，各等分共为细末，用醋打面为丸，每丸重15 g，每服1丸）治马七结。

（2）逐水退肿。本品峻泻可消除一部分腹水。

（3）蚀疮排脓。巴豆刺激性大，皮肤接触即起疱，进而腐蚀，可用于痈肿疮疡脓成未溃者。单用或配乳香、没药、木鳖子制成霜，敷贴患部，以溃疮排脓。

【禁忌】体虚无积滞、胎娠母畜者忌用；牛、羊慎用。

【用量】马、牛：30~60 g；猪、羊：5~10 g；犬、猫：3—5 g；禽、兔：1~2 g。

【应用鉴别】巴豆与大黄均为峻泻药，一则性热，一则性寒，均有推陈致新之效。但巴豆多用于寒结，有耗阴之弊，大黄多用于热结，有损阳之戒。

【成分】含巴豆油、毒性蛋白、巴豆树脂、生物碱、巴豆苷等。

【药理】

（1）巴豆霜小鼠灌胃，能明显增强胃肠推进运动，促进肠套叠的还纳。

（2）巴豆油对皮肤、黏膜有强烈的刺激作用，可使局部发泡。

（3）巴豆油对小鼠耳有明显致炎作用。

（四）番泻叶

番泻叶为豆科草本状灌木植物狭叶番泻叶和实叶番泻叶的叶。分布于埃及。我国台湾、海南、云南有引种栽培。

【性味归经】苦、甘、寒。入大肠经。

【功效】泻热导滞。

【主治与应用】泻热导滞。本品有较强的泻热通便作用，用于热结便秘，单用为末，泡开水服，或配大黄、枳实、厚朴等。用于虚结便秘，配当归、肉苁蓉等，如当归从蓉汤。

【用量】马、牛：18~60 g；猪、羊：6~15 g；犬、猫：3~5 g；禽、兔：1~2 g。

【成分】含番泻苷、芦荟大黄素双蒽酮苷、大黄酸葡萄糖苷、芦荟大黄素葡萄糖、芦荟大黄素、大黄酸等。

【药理】

（1）蒽醌衍化物泻下作用及刺激性较含蒽醌类的其他泻药更强，有效成分主要为番泻苷 A 和 B。

（2）对大肠杆菌、痢疾杆菌、变形杆菌、甲型链球菌和白色念珠菌均有明显抑制作用，对星形奴卡氏菌等也有抑制作用。

二、润下药

（一）火麻仁

火麻仁为桑科植物大麻的干燥成熟果实。去壳生用。主产于东北、华北、西南等地。

【性味归经】甘，平。入脾、胃、大肠经。

【功效】润肠通便，滋养益津。

【主治】肠燥便秘，血虚便秘。

【应用】

（1）肠燥便秘。邪热伤阴、津枯肠燥所致粪便燥结，常与大黄、杏仁、白芍等配伍。

（2）血虚便秘。病后津亏及产后血虚所致的肠燥便秘，常与当归、生地等配伍。

【用量】马、牛：120~180 g；猪、羊：10~30 g；犬、猫：2~6 g。

【注意事项】孕畜慎用。

【成分】含脂肪油、蛋白质、挥发油、菜油甾醇、大麻酚、大麻酰胺等。

【药理】

（1）能刺激肠黏膜，使分泌增多、蠕动加快，减少大肠吸收水分，故有泻下作用。

（2）醇提物灌胃，能明显抑制小鼠水浸应激性溃疡、盐酸性溃疡和蚓哚美辛—乙醇性溃疡形成。

（3）醇提物能显著促进大鼠胆汁分泌，作用持续 1 h。

（二）郁李仁

郁李仁为蔷薇科植物欧李，或郁李或长柄扁桃的干燥成熟种子。前二者习称“小李”，后一种习称“大李仁”。去皮捣碎用。南北各地均有分布，多系野生，主产于河北、辽宁、内蒙古等地。

【性味归经】辛、甘，平。入大肠、小肠经。

【功效】润肠通便，利水消肿。

【主治】肠燥便秘，水肿。

【应用】

（1）肠燥便秘。老弱病畜之肠燥便秘，常与火麻仁、瓜蒌仁等配伍。

（2）水肿。小便不利、四肢浮肿，常与薏苡仁、茯苓等同用。

【用量】马、牛：15~60g；猪、羊：5~10 g；犬：3~6 g；兔、禽：1~2 g。

【注意事项】孕畜慎用。

【成分】含郁李仁苷、苦杏仁苷、蛋白质、脂肪油等。

【药理】

（1）郁李苷对实验动物有强烈的泻下作用。

（2）蛋白质成分 IR–A 和 IR–B 静脉给药有抗炎和镇痛作用。

（三）蜂　蜜

蜂蜜为蜜蜂科昆虫东方蜜蜂或西方蜜蜂所酿的蜜。各地均产。

【性味归经】甘，平。入肺、脾、大肠经。

【功效】润肺，滑肠，解毒，补中。

【主治】肠燥便秘，肺燥咳嗽。

【应用】

（1）肠燥便秘：体虚不宜攻下之肠燥便秘，单用或配伍使用。

（2）肺燥干咳、肺虚久咳：如枇杷叶，常用蜂蜜拌炒（即蜜炙），以增强润肺之功。

（3）脾虚胃弱：单用适量。

（4）中毒：缓解乌头、附子等药的毒性；外用涂敷烫伤、疮肿，以解毒和保护疮面。

【用量】马、牛：120~240 g；猪、羊：30~90 g；犬：5~15 g；兔、禽：3~10 g。

【成分】含 70%~80% 转化糖（葡萄糖和果糖的混合物）和 14%~20% 水分。

【药理】

（1）有祛痰和缓泻作用。

（2）对创面有收敛、营养和促进愈合的作用。

（3）蜂蜜可杀灭革兰氏阳性及阴性细菌，尤其是对严重感染消化道的沙门氏菌、志贺氏杆菌、大肠杆菌及霍乱弧菌有杀灭作用。

（四）食用油

食用油为植物油和动物油，如菜籽油、芝麻油、花生油、豆油及猪脂等。

【性味归经】甘，寒。入大肠经。

【功效】润燥滑肠。

【主治】肠津枯燥，粪便秘结。

【应用】肠燥津枯，粪便秘结。本品滑利润肠，用治肠津枯燥，粪便秘结，单用或与其他泻下药同用。

【用量】马、牛：250~500 ml；猪、羊：90~120 ml；犬：45~60 mL。

【成分】含棕榈酸、油酸、亚麻酸、二十碳烯酸和芥酸等脂肪酸。

【药理】菜籽油、芝麻油、大豆油均能降低大鼠血清中的总胆固醇、甘油三酯含量（$p < 0.05$）；花生油血清中的总胆固醇、甘油三酯水平与含有猪油的高脂饲料组相似（$p > 0.05$）；血清中的高密度脂蛋白含量在各组间比较差异均无显著性（$p > 0.05$）。

三、峻下逐水药

（一）牵牛子

牵牛子为旋花科植物裂叶牵牛或圆叶牵牛的干燥成熟种子，又称二丑或黑白丑。生用。各地均产。

【性味归经】苦，寒。有毒。入肺、肾，大肠经。

【功效】泻下攻积，逐水消肿，杀虫。

【主治】水肿，粪便秘结，虫积。

【应用】

（1）粪便秘结：肠胃实热壅滞大便秘结，肚腹胀满。常与芒硝、大黄、槟榔、枳壳、枳实等同用。

（2）实性水肿：水肿胀满实证者，常与甘遂、大戟等配伍。

（3）虫积腹痛：肠道蛔虫、绦虫，常与槟榔、使君子等同用。

【用量】马、牛：15~60 g；猪、羊：3~10 g；犬：2~4 g；兔、禽：0.5~1.5 g。

【注意事项】孕畜禁用。不宜与巴豆、巴豆霜同用。

【成分】含牵牛子苷、大黄素甲醚、大黄素、大黄酚、咖啡酸乙酯、咖啡酸、β 胡萝卜苷、3– 谷甾醇等。

【药理】

（1）牵牛子苷在肠内遇到胆汁及肠液分解出牵牛子素刺激肠黏膜，增进肠蠕动，导致腹泻。

（2）能加速菊糖在肾脏中的排出，提示可能有利尿作用。

（3）牵牛子苷对离体兔肠及离体大鼠子宫有兴奋作用。

（二）续随子

续随子为大戟科植物续随子的干燥成熟种子．又称千金子。打碎生用或制霜用。主产于浙江、河北、河南等地。

【性味归经】辛，温。有毒。入肝、肾经。

【功效】峻下逐水，破血散瘀。

【主治】粪便秘结，水肿，血瘀证。

【应用】

（1）粪便秘结。大肠燥热便秘实证，常与木通、牵牛子、滑石等配伍。

（2）水肿。二便不利之水肿，常与大黄、大戟、牵牛子，木通等配伍。

（3）血瘀证。常与桃仁、红花等同用。

【用量】马、牛：15~30 g；猪、羊：3~6 g；犬：1~3 g。

【注意事项】孕畜及体弱便溏者忌服。

【成分】含黄酮苷、大戟双香豆素、白瑞香素、脂肪油、大戟醇、大戟甲烯醇等，此外还含有挥发油，其中，正庚烷 33.73%，3- 乙基戊烷 11.02%，正辛烷 6.81%，3- 甲基庚烷 6.39%。

【药理】

（1）甲醇提取物在体外对人宫颈癌细胞、红白血病细胞、急性淋巴细胞性白血病细胞、肝癌细胞等有较显著抑制作用，体内对小鼠肉瘤 180 和艾氏腹水癌也有较好抑制作用。

（2）有泻下作用。

（三）大　戟

大戟为大戟科植物大戟或茜草科植物红芽大戟的干燥根。前者习称京大戟，后者习称红大戟。切片生用、醋炒或与豆腐同煮后用。主产于广西、云南、广东等地。

【性味归经】苦，寒。有毒。入肺、大肠、肾经。

【功效】泻水逐饮，消肿散结。

【主治】水肿胀满，痰饮积聚，疮黄肿毒。

【应用】

（1）水肿胀满。水饮泛滥所致的水肿喘满、胸腹积水等证，多用红大戟，常配伍甘遂，牵牛子等，如大戟散。

（2）水草肚胀或宿草不转。多用京大戟，常与甘遂、牵牛子、滑石、大黄等同用。

（3）疮黄肿毒。热毒壅滞所致的疮黄肿毒，常与雄黄等配伍。

【用量】马、牛：10~15 g；猪、羊：2~5 g；犬：1~3 g。

【注意事项】孕畜及体虚者忌用。反甘草。

【成分】含游离蒽醌类化合物 0.56%、结合性蒽醌类化合物 0.25%，以及红大戟素、大戟素、3- 羟基巴戟醌、丁香酸、虎刺醛和甲基异茜草素等；京大戟含大戟苷、羊毛甾醇、谷甾醇、伞形花内酯、槲皮素等。

【药理】

（1）有泻下作用。京大戟的泻下作用和毒性作用均比红芽大戟强。

（2）红芽大戟对痢疾杆菌、肺炎链球菌、溶血性链球菌有抑制作用。

（3）毒性大，中毒后腹痛、腹泻，重者可因呼吸麻痹致死。

（四）芫 花

芫花为瑞香科植物芫花的干燥花蕾。生用或醋炒、醋煮用。主产于陕西、安徽、江苏、浙江、四川、山东等地。

【性味归经】苦，寒。有毒。入肺、大肠、肾经。

【功效】泻水逐饮，杀虫。

【主治】胸腹积水，水草肚胀，疥癣。

【应用】

（1）胸腹积水。本品泻水逐饮之功效与大戟、甘遂类似，而作用稍次，以泻胸肋之水饮积聚见长。胸肋积水、水草肚胀等证，常与大戟、甘遂、大枣等同用。

（2）疥癣。常单味药适量外用。

【用量】马、牛：15~25 g；猪、羊：2~6 g；犬：1—3 g。

【注意事项】孕畜及体虚者忌用。反甘草。

【成分】含芫花素、芫花酯、芫花烯、伞形花内酯、谷甾醇、苯甲酸等。

【药理】

（1）煎剂一定浓度时具有明显利尿作用。

（2）醇浸剂、水浸剂和水煎剂在小剂量（1.8 mg/mL）时对兔离体回肠均具有兴奋作用，表现为肠蠕动增加、肠平滑肌张力提高。随着剂量加大，则呈现抑制作用。

（3）醋制芫花、羟基芫花素均有镇咳和祛痰作用。

（4）醋制芫花对肺炎球菌、溶血性链球菌、流行性感冒杆菌有抑菌作用，而羟基芫花素无抑菌作用。

（五）商 陆

商陆为商陆科植物商陆或垂序商陆的干燥根。生用或醋炒用。主产于河南、安徽、湖北等地。

【性味归经】苦，寒。入肺、大肠、肾经。

【功效】泻下利水，消肿毒。

【主治】水肿，宿水停脐，疮痈肿毒。

【应用】

（1）水肿、宿水停脐：水肿胀满、粪便秘结、小便不利之实证，常与大戟、甘遂等同用。

（2）痈疮肿毒：常以新鲜商陆捣烂外敷。

【用量】马、牛：15~30 g；猪、羊：2~5 g。

【注意事项】脾胃虚弱、孕畜忌用。

【成分】含商陆酸、商陆苷、商陆多糖、微量元素及氨基酸等。

【药理】

（1）提取物灌注蟾蜍肾，能明显增加尿流量，煎剂小鼠灌胃有显著利尿作用。

（2）水浸剂、煎剂、酊剂（20 g/kg）给小鼠灌胃可使支气管内酚红排泌量增加。

（3）商陆皂苷及皂苷元胃肠外给药，对大、小鼠的急性炎症水肿有强大的抗炎作用。

第四节　祛湿药

凡具有祛除湿邪作用的药物，都叫祛湿药。

湿邪为病，有外湿与内湿之分。外湿者，每因久处低湿，或淋雨涉水，湿邪侵入肌表所致，症见恶寒发热，头胀脑重，肢体水肿，身重疼痛等，多属肌表经络之病；内湿者，每因过食生冷或冰冻草料致脾阳失运，湿从内生，症见胸痞腹满，呕恶黄疸，泻痢淋浊等，多属脏腑气血之病。但表湿重可以入侵脏腑，内湿重可以影响肌表，故外湿与内湿往往相因互见，不能截然划分。湿病范围广泛，可泛滥各处而有湿滞脾胃、小便不利、水肿、淋浊、痰饮等不同病证，又因体质不同，湿证可有兼寒兼热之不同。湿邪在上在外者，宜微汗以解之；湿邪滞于脾胃者，宜芳香化湿或健脾除湿；小便不利、水肿、淋浊，宜利水渗湿；湿兼热者，宜清热利湿；湿兼寒者，宜温化水湿。

根据药物功效之异又可分为祛风湿药、化湿药和利水渗湿药 3 类。

一、祛风湿药

（一）羌　活

羌活为伞形花科植物羌活和宽叶羌活的干燥根茎及根。切片生用。主产于陕西，四川、甘肃等地。

【性味归经】辛，温。入膀胱、肾经。

【功能主治】解表散寒，祛风除湿，止痛。主治外感风寒，风湿痹痛。

【用量】马、牛：15~45 g；猪、羊：3~10 g；犬：2~5 g；兔、禽：0.5~1.5 g。

【应用】

（1）外感风寒所致的发热恶寒等，常与防风、白芷、细辛、川芎等同用。

（2）风寒湿邪阻络所致的腰背肢节疼痛、束步拘挛，尤其适用于前躯风湿痹痛，常与独活、防风、藁本、秦艽等同用。

【药理】含羌活酚、羌活醇、镰叶芹二醇等，具有抗炎、止痛、抗菌、抗病毒等作用。

（二）独　活

独活为伞形花科植物重齿毛当归的干燥根。切片生用。主产于四川、陕西、云南、甘肃、内蒙古等地。

【性味归经】辛，温。入肝、肾经。

【功能主治】祛风除湿，散寒止痛。主治风寒湿痹，腰肢疼痛。

【用量】马、牛：30~45 g，猪、羊：3~10 g；犬：2~5 g；兔、禽：0.5~1.5 g。

【应用】

（1）风寒湿邪阻络所致的四肢拘挛，腰肢疼痛等，常与桑寄生，秦艽、防风、细辛、党参、杜仲等同用，如独活寄生汤。

（2）外感风寒挟湿所致的发热恶寒、肌肉紧硬等，常与羌活、防风、连翘、柴胡等同用。

【药理】含香豆素、萜类和挥发油等，具有镇静、催眠、镇痛、抗炎等作用。

（三）威灵仙

威灵仙为毛茛科植物威灵仙、棉团铁线莲或东北铁线莲的干燥根及根茎。切碎生用、炒用。主产于安徽、江苏等地。

【性味归经】辛、咸，温。入膀胱经。

【功能主治】祛风除湿，通经止痛。主治风湿痹痛，跌打损伤。

【用量】马、牛：15~60 g；猪、羊：3~10 g；犬、猫：3~5 g；兔、禽：0.5~1.5 g。

【应用】

（1）风寒湿邪阻络或破伤风所致的四肢拘挛等，常与羌活、独活、秦艽、当归等同用。

（2）跌打损伤所致的瘀血肿痛等，常与桃仁、红花、赤芍等同用。

【药理】含白头翁素、白头翁醇、甾醇以及挥发油、皂苷和糖类等，具有抗炎、镇痛、抗菌等作用。

（四）木　瓜

木瓜为蔷薇科植物贴梗海棠的干燥近成熟果实。蒸煮后切片用或炒用。主产于安徽、浙江、四川、湖北等地。

【性味归经】酸，温。入肝、脾、胃经。

【功能主治】舒筋通络，化湿和胃。主治风湿痹痛，呕吐，泄泻。

【用量】马、牛：15~45 g；猪、羊：6~12 g；犬、猫：2~5 g；兔、禽：1~2 g。

【应用】

（1）风湿痹痛。腰胯紧硬、筋脉拘挛等，常与牛膝、威灵仙、川芎、当归等同用。

（2）感受暑湿或湿困脾阳所致的呕吐、腹痛、泄泻等，常与吴茱萸、小茴香、生姜、紫苏叶等同用。

【药理】含苹果酸、苯甲酸、对甲氧基苯甲酸等，具有抗炎、镇痛、抗肿瘤和抗菌等作用。

（五）桑寄生

桑寄生为桑寄生科植物桑寄生的干燥带叶茎枝。切段，干后生用。主产于河北、河南、广东、广西、浙江、江西、台湾等地。

【性味归经】苦，平。入肝、肾经。

【功能主治】补肝肾，强筋骨，祛风湿，安胎。主治风湿痹痛，腰胯无力，胎动不安。

【用量】马、牛：30~60 g；猪、羊：5~15 g；犬：3~6 g。

【应用】

（1）肝肾不足、气血亏虚兼风湿的腰胯无力等，常与杜仲、牛膝、独活、当归等同用，如独活寄生汤。

（2）肝肾虚损所致的胎动不安，常与阿胶、续断、艾叶等同用。

【药理】含萹蓄苷、槲皮素、齐墩果酸等，具有抗炎、利尿、降压、抗菌和抗病毒等作用。

（六）五加皮

五加皮为五加科植物细柱五加的干燥根皮。切片生用或炒用。主产于四川、湖北、河南、安徽等地。

【性味归经】辛、苦，温。入肝、肾经。

【功能主治】祛风湿，强筋骨，补肝肾。主治风寒湿痹，腰肢痿软，水肿。

【用量】马、牛：15~45 g；猪、羊：6~12 g；犬、猫：2~5 g；兔、禽：1.5~3 g.

【应用】

（1）风寒湿邪所致的腰肢痿软、关节肿痛，单用或与木瓜、牛膝等同用。

（2）水肿、尿不利等，常与茯苓皮、大腹皮、陈皮、生姜皮等同用，如五皮饮。

【药理】含4–甲基水杨醛、苯丙烯酸糖苷、丁香苷等，具有增强抵抗力、抗炎、镇痛、利尿等作用。

二、利湿药

（一）茯　苓

茯苓为多孔菌科真菌茯苓的干燥菌核。寄生于松树根。其傍附松根而生者，称为茯苓；抱附松根而生者，谓之茯神；内部色白者，称白茯苓；色淡红者，称赤茯苓；外皮称茯苓皮，均可供药用。晒干切片生用。主产于云南、安徽、江苏等地。

【性味归经】甘、淡，平。入脾、胃、心、肺、肾经。

【功能主治】渗湿利水，健脾安神。主治脾虚泄泻，痰湿水肿，躁动不安。

【用量】马、牛：20~60 g；猪、羊：5~10 g；犬：3~6 g；兔、禽：1.5~3 g。

【应用】

（1）脾虚草少、泄泻等，常与党参、白术等同用，如参苓白术散。

（2）水湿停滞、尿不利或水肿等，常与猪苓、白术、泽泻、桂枝等同用，如五苓散。

（3）躁动不安，常与朱砂等同用。

【药理】含茯苓多糖、茯苓素、茯苓酸等，具有利尿、镇静、抗肿瘤、增强免疫等作用。

（二）猪　苓

猪苓为多孔菌科真菌猪苓的干燥菌核。切片生用。主产于山西、陕西、河北等地。

【性味归经】甘、淡，平。入肾、膀胱经。

【功能主治】渗湿利水。主治泄泻水肿，尿不利。

【用量】马、牛：25~60 g；猪、羊：10~20 g；犬：3~6 g。

【应用】泄泻水肿、尿不利等，常与茯苓、白术、泽泻等同用，如五苓散。

【药理】含有猪苓多糖、麦角甾醇、生物素和蛋白质等，具有抗肿瘤、增强免疫、利尿、抗菌等作用。

（三）泽　泻

泽泻为泽泻科植物泽泻的干燥块茎。切片生用。主产于福建、广东、江西、四川等地。

【性味归经】甘、淡，寒。入肾、膀胱经。

【功能主治】利水渗湿，清热泻火。主治水肿，尿不利，泄泻，淋浊。

【用量】马、牛：20~45 g；猪、羊：10~15 g；犬：5~8 g；兔、禽：0.5~1 g。

【应用】

（1）水肿、泄泻等，常与茯苓、猪苓、白术等同用，如五苓散。

（2）膀胱湿热所致的尿涩、尿血、尿浊等，常与茯苓、薏苡仁等同用。

【药理】含泽泻萜醇、泽泻二菇醇、泽泻二萜苷等，具有抗菌、抗炎、降血脂，利尿等作用。

（四）车前子

车前子为车前科植物车前草或平车前的干燥成熟种子。生用或炒用。主产于浙江、安徽、江西等地。

【性味归经】甘、淡，寒。入肝、肾、小肠经。

【功能主治】清热利尿，渗湿通淋，明目。主治湿热淋浊，泄泻，目赤肿痛。

【用量】马、牛：20~30 g；猪、羊：10~15 g；犬、猫：3~6 g；兔、禽：1~3 g。

【应用】

（1）热结膀胱所致的尿少、尿涩、尿血，常与滑石，木通、瞿麦等同用。

（2）泄泻，常与白术、茯苓、泽泻、薏苡仁等同用。

（3）肝经风热所致的目赤、翳障等，常与菊花、夏枯草等同用。

【药理】含车前子酸、车前子胶、车前子糖等，具有抗菌、抗炎、利尿、镇咳、平喘、祛痰和降血脂等作用。

（五）滑　石

滑石为硅酸盐类矿物滑石族滑石。主含含水硅酸镁 [$Mg_3(Si_4O_{10})^2\cdot(OH)_2$]。打碎成小块，水飞或研细生用。主产于广东、广西、云南、山东、四川等地。

【性味归经】甘，寒。入胃、膀胱经。

【功能主治】利尿通淋，清热解暑，祛湿敛疮。主治热淋，石淋，暑热，湿热泄泻，湿疹。

【用量】马、牛：25~45 g；猪、羊：10~20 g；犬：3~9 g；兔、禽：1.5~3 g。

【应用】

（1）湿热下注膀胱所致的尿赤涩疼痛或尿闭等，单用或与木通、车前草、瞿麦等同用。

（2）暑热烦渴、尿少或泄泻等，常与黄芩、通草、甘草等同用。

（3）湿疹、湿疮等，常与石膏、枯矾、炉甘石、黄柏等同用。

【药理】含硅酸镁、氧化铝、氧化镍等，具有吸附和收敛作用，内服能保护肠壁，止泻而不引起腹胀；滑石粉撒布有保护创面、吸收分泌物、促进结痂的作用。

三、化湿药

（一）藿　香

藿香为唇形科植物藿香或广藿香的干燥地上部分。晒干切碎生用。主产于广东、吉林、贵州等地。

【性味归经】辛，微温。归肺、脾、胃经。

【功能】芳香化湿，和中止呕，宣散表邪，行气化滞。

【主治】

（1）暑湿所致的恶寒发热、呕吐或泄泻等，常与香薷、苍术、砂仁等同用，如藿香正气散。

（2）湿困脾土所致的草少、腹胀、泄泻等，常与厚朴、苍术、半夏等同用。

【用量】马、牛：15~45 g；猪、羊：5~10 g；兔、禽：1~2 g。

【成分药理】含挥发油、黄酮、萜、醇、酚等。（1）挥发油能促进胃液分泌，提高消化能力，对胃肠道有解痉作用。

（2）己烷、氯仿、甲醇提取物能减少硫酸铜所致的家鸽干呕次数。

（3）提取物对同心性毛癣菌等有抗菌作用，煎剂对钩端螺旋体有抑制作用。

（二）佩　兰

佩兰为菊科植物佩兰的干燥地上部分。切段生用。主产于江苏、浙江、安徽、山东等地。

【性味归经】辛，平。归脾、胃、肺经。

【功能】芳香化湿，醒脾开胃，发表解暑。

【主治】

（1）外感暑湿所致的恶寒发热、倦怠等，常与藿香、青蒿、荷叶等同用。

（2）暑湿内阻所致的草少、腹胀、呕吐或泄泻，常与藿香、厚朴、白豆蔻等同用。

【用量】马、牛：15~40 g；猪、羊：5~15 g。

【成分药理】含挥发油。超临界 CO_2 萃取物对金黄色葡萄球菌、沙门氏菌、蜡状芽孢杆菌、枯草芽孢杆菌和霉菌等有较强的抑制作用。

（三）苍　术

苍术为菊科植物茅苍术或北苍术的干燥根茎。晒干，烧去毛，切片生用或炒用。主产于江苏、安徽、浙江、河北、内蒙古等地。

【性味归经】辛、苦，温。归脾、胃、肝经。

【功能】燥湿健脾，祛风散寒，明目。

【主治】

（1）湿阻脾胃所致的草少、腹痛泄泻，常与厚朴、陈皮、甘草等同用，如平胃散。

（2）风寒湿邪所致的腰胯关节疼痛等，常与独活、牛膝、薏苡仁、黄柏等同用。

（3）夜盲症，单用或与石决明同用。

【用量】马、牛：15~60 g；猪、羊：3~15 g；兔、禽：1~3 g。

【成分药理】含挥发油。

（1）对金黄色葡萄球菌有杀灭作用。

（2）水煎剂能增加番泻叶灌胃所致的脾虚泄泻动物的体重，抑制小肠推进运动。

（3）对结核杆菌、金黄色葡萄球菌、大肠杆菌、枯叶杆菌和绿脓杆菌有杀灭作用。

（四）草豆蔻

草豆蔻为姜科植物草豆蔻的干燥近成熟种子。打碎生用。主产于广东、广西等地。

【性味归经】辛，温。归脾、胃经。

【功能】燥湿健脾，温胃止呕。

【主治】

（1）脾胃虚寒所致的草少、腹胀、冷肠泄泻等，常与砂仁、陈皮、神曲等同用。

（2）寒湿淤滞中焦所致的气逆呕吐，常与高良姜、生姜、吴茱萸等同用。

【用量】马、牛：15~30：g；猪、羊：3~6 g；犬、猫：2~5 g。

【成分药理】含挥发油。

（1）小剂量对豚鼠离体肠管有兴奋作用，大剂量则抑制。

（2）醇提取物有显著的抗氧化活性。

第五节　消导药

凡能健运脾胃，促进消化，具有消积导滞，除胀宽中作用的方药，称为消导方，药（法），属“八法”中的“消法”。

本类方药多具有芳香解郁，顺气宽中，降气止呕，行气止痛，健胃消食等功能。适用于消化不良，宿食停滞所致的肚腹胀满，腹痛腹泻，食欲不振，苔腻口臭等症。常用药有：山楂、麦芽、神曲等。代表方如曲蘖散。

消法也叫消散法或消导法，其应用范围较广，凡气、血、痰、湿、食等壅滞而成的积滞均可应用。本节内容仅讨论消食导滞和消痞化积的方药，其他可参看理气、理血、祛湿、化痰等节。

消导方（法）与泻下方（法）均有解除有形实邪的作用，但具体运用有所不同，泻下方（法）着重解除粪便燥结，其目的在于攻逐，适用于病势较急的实证；而消导方（法）则具有运化的作用，适用于草料停滞及逐渐形成的痞块积聚，多属渐消缓散之方（法）。

使用消导方、药（消法）时应注意以下几点。

（1）使用时不可单纯依靠消导药物取效，应根据不同病情配伍其他药使用。如食滞多与气滞有关。因此，常与理气药同用；便秘常与泻下药同用；食积兼脾胃虚弱者，可配健胃补脾药同用；脾胃有寒者，可配温中散寒药；湿浊内阻者，可配芳香化湿药；积滞化热者，可配合清热药同用。

（2）消导方、药（消法）虽较泻下方、药（下法）作用缓和，但总属克伐之品，过度使用亦可使病畜气血亏耗。因此，对孕畜及瘦弱家畜要慎用或配合补气养血药同用，以期消积不伤正，扶正以祛积。

一、山　楂

【性味归经】酸、甘，微温。入脾、胃、肝经。

【功效】消食化积，活血化瘀。

【主治】食积不消，肚腹胀满，泄泻，痢疾等。

【附注】“山楂有消食止泻之能”。山楂酸温，破气消食，主消油腻、肉食积见长；善治消化不良之腹泻。

本品含枸橼酸、苹果酸、抗坏血酸、糖和蛋白质等，能扩张血管、强心、收缩子宫、促进消化腺分泌、增加胃液中酶类的活性；水煎剂对痢疾杆菌、绿脓杆菌有抑制作用。

二、麦　芽

【性味归经】甘，平。入脾、胃经。

【功效】健脾胃，消食和中，回乳。

【主治】食积胀满，消化不良，伤食泄泻，乳房肿胀等。

【附注】“大麦芽有助脾化食之功”。麦芽消食和中，尤以消麸料食积见长。麦芽生用醒胃作用较好，炒用性较温和，消化不良，大便溏泄时用之。本品常与山楂、神曲相须配伍（通常称为“三仙”，炒焦后称为“焦三仙”，再加槟榔为四仙），治食积消化不良。

本品含麦芽糖、淀粉酶等，嫩短的麦芽含酶量较高，质量最好，微炒时对酶无影响，但炒焦后则降低酶的活力。

三、神　曲

【性味归经】甘、辛，温。入脾、胃经。

【功效】消食化积，健胃和中，止泻。

【主治】食积不消，伤食腹痛，泄泻，消化不良等。

【附注】“神曲健脾胃而进饮食”。神曲是用鲜青蒿、鲜苍耳、鲜辣蓼各6 kg（切碎），杏仁、赤小豆各3 kg研末，混合均匀，加入面粉30 kg、麸皮50 kg，用水适量，揉成团，压平后用稻草覆盖，使之发酵，至外表长出黄色菌丝时取出，切成3 cm见方的小块，晒干即成，用时加麸皮炒至黄色，筛去麸皮即可。具有健胃、消食兼解表的作用。尤以消谷食见长。

本品为中草药酵母制剂，含有维生素B复合体、酶类、麦角固醇等，对单纯性消化不良有较好疗效。

四、鸡内金

鸡内金为雉科动物家鸡的干燥砂囊内壁。剥离后，洗净晒干。研末生用或炒用。

【性味归经】甘，平。入脾、胃、小肠、膀胱经。

【功效】消食健脾，化石通淋。

【主治】草料停滞，脾虚泄泻，砂石淋。

【应用】

（1）草料停滞：食积不化、肚腹胀满，常与山楂、麦芽等配伍。

（2）脾虚泄泻：常与白术、干姜等同用。

（3）砂淋、石淋：常与金钱草、海金沙、牛膝等配伍。

【用量】马、牛：15~30 g；猪、羊：3~9 g；兔、禽：1~2 g。

【成分】含胃激素、胆汁三烯、胆绿素、蛋白质及多种氨基酸等。

【药理】

（1）提取物灌胃能明显增强小鼠的小肠推进运动，缩短首次排便所需时间，增加排便次数和排便重量。

（2）有降低实验性高糖高脂兔血清葡萄糖及甘油三酯含量和减少肝及肠系膜脂肪堆积的作用。

五、莱菔子

莱菔子为十字花科植物萝卜的干燥成熟种子，又称萝卜子。生用或炒用。各地均产。

【性味归经】辛、甘，平。入肺、脾经。

【功效】消食导滞，理气化痰。

【主治】食积气滞．痰饮咳喘。

【应用】

（1）食积气滞：肚腹胀满、嗳气酸臭、腹痛、腹泻等，常与神曲、山楂、厚朴等同用。

（2）痰饮咳喘：痰涎壅盛、气喘咳嗽等证，常配伍苏子、白芥子、苏子等，如三子养亲汤。

【用量】马、牛：20~60 g；猪、羊：5~15 g；犬：3~6 g；兔、禽：1.5~2 g。

【成分】含脂肪油（芥酸、亚麻酸、芥子甘油酯）、挥发油（甲硫醇、乙烯醛、乙烯醇）及莱菔子素、谷甾醇和氨基酸等。

【药理】

（1）莱菔子行气消食的作用机制可能与促进血浆胃动素的分泌和作用于 M 受体有关。

（2）莱菔子素体外有强烈抗菌活性，尤其对葡萄球菌和大肠杆菌有显著的抑制作用。

（3）水提醇沉液具有平喘、镇咳和祛痰作用。

（4）豚鼠离体回肠加入莱菔子水浸液后收缩力增强。

第六节　驱虫药

凡能驱除和杀灭家畜体内外寄生虫的药物，称驱虫药或杀虫药。

本类药物主要用于驱除肠内寄生虫（蛔虫、蛲虫、绦虫、钩虫等），内服可杀死或麻痹虫体，使之排出体外，古人认为中药驱虫的道理是："虫闻酸则定，见辛则伏，遇苦则下，以甘诱之，以寒制之，以温杀之，以涩收之"。

使用驱虫杀虫药，必须根据虫的种类与家畜的体质而选用或选配相应的药物。根据寄生虫的种类不同，驱虫药可分为驱蛔虫、驱姜片吸虫、驱血吸虫，驱绦虫、驱血吸虫等类。临床用药须根据诊断结果而定。

驱虫杀虫药中，以驱蛔虫为主的有使君子、苦楝皮、鹤虱、石榴皮、乌梅等；驱绦虫的有槟榔、南瓜子、雷丸、榧子、石榴皮、鹤草芽；驱姜片吸虫的有贯众、槟榔；驱蛲虫的有百部、雷丸；驱体外寄生虫的有麻柳叶、雄黄、硫黄、百部、野棉花、蛇床子等。

驱虫杀虫药应用注意事项：①凡体内寄生虫，宜空腹时服用，以使药物与虫体充分接触而发挥药效；②毒性较大的驱虫药，应注意用量，以免畜禽中毒。③驱肠道寄生虫，常配合泻下药用，以驱使虫体迅速排出；④应视家畜的体质使用驱体内寄生虫药物，体虚者，虽然有虫，应先补后攻，或攻补兼施，驱虫后常调补脾胃；⑤驱体外寄生虫时，应避免舔食中毒。

一、槟　榔

槟榔为棕榈科常绿乔木植物槟榔的成熟种子。浸透切片用。主产于广东、云南、台湾、广西、福建。

【性味归经】苦、辛，温。入胃、大肠经。

【功效】杀虫，消积导滞。

【主治与应用】

（1）杀虫。本品能驱杀多种肠内寄生虫，但以驱杀绦虫效果为最好。对姜片吸虫、蛲虫、蛔虫、血吸虫亦有杀灭作用，并兼有泻下作用，有助于虫体的排出。用于驱绦虫，配南瓜子；用于驱姜片吸虫，配贯众；用于驱蛔虫，配使君子。

（2）消积导滞。本品苦泄，有轻泻之功。适用于：①食滞气胀，配山楂、苍术、陈皮、厚朴、甘草，如消食平胃散；②湿热积滞之泻痢、里急等证，配木香、黄连、黄柏、大黄、香附、牵牛、枳壳、青皮、陈皮、莪术等，如木香槟榔散；③胃寒吐涎，肚腹疼痛等，配干姜、白芷、肉桂、红豆蔻等。

【禁忌】气虚下陷、大便稀泻者忌用。

【用量】马、牛：15~60 g；猪、羊：6~12 g；犬：1~5 g。

【按语】本品为散结破滞、下气杀虫之药。以其味苦主降，是以无坚不破，无胀不消，无食不化，无痰不行，无水不下，无气不降，无虫不杀，无便不开。盖气降则痰行水消，滞破则积除食化，用以治虫积腹痛、食积不化、腹胀后重、泻痢不畅、水肿脚气以及瘴气疟疾诸症，均能奏效。

【现代研究】本品含槟榔碱、槟榔次碱、去甲基槟榔碱、鞣质、脂肪油及槟榔红等，槟榔内胚乳含儿茶精、花白素及其聚合物。槟榔对绦虫有弛缓性麻痹作用，对猪肉绦虫和短小绦虫作用较好，对牛肉绦虫疗效较差；对流感病毒甲型某些亚型的毒株和多种皮肤真菌有抑制作用；槟榔碱有拟胆碱样作用，可促使肠蠕动，引起腹泻，有时会引起胃肠痉挛和剧烈腹泻；此外有促进唾液分泌和缩瞳作用；小鼠皮下注射槟榔碱可抑制其一般活动，对氯丙嗪引起的活动减少及记忆力损害则可改善；已证明槟榔中含有对人致癌的物质。

二、使君子

使君子为使君子科落叶藤本状灌木使君子的种子。去壳取种子，生用或炒用。主产于四川、广东、广西、福建、江西、云南、贵州等地。

【性味归经】甘，温。有小毒。入脾、胃经。

【功效】杀虫去积。

【主治与应用】

本品味甘，能杀虫，又有健脾去积作用，单用或配槟榔用。若用使君子、苦楝皮共末为丸，可驱鸡蛔虫，其次尚能杀钩虫、蛲虫。《活兽慈舟》中用本品配贯众、菖蒲煎水喂猪，治猪蛔虫和羸瘦。

【用量】马、牛：30~90 g；猪、羊：10~20 g；犬：5~10 g；禽、兔：1.5~2 g。

【按语】使君子味甘性温，气香质润，为杀蛔虫要药，又能健脾运化。凡虫积诸证，配合其他药物有一定疗效。

【现代研究】种子含使君子酸钾，脂肪油中含油酸、棕榈酸、硬脂酸、亚油酸，此外，尚含蔗糖及葡萄糖等。使君子酸钾对蛔虫有麻痹作用。据报道，本品能驱人蛔虫，服后粪便转阴率为30%~80%。人服用最多总量不超过20粒。对猪蛔虫，实验证明可麻痹其头部，使之失去吸吮能力而被排除；水浸剂在试管中对某些皮肤真菌有一定抑制作用；使君子粉剂对自然感染的鼠蛲虫病有一定的驱蛲作用。

三、苦楝皮

苦谏皮为楝科乔木苦楝树或川楝子的根皮，洗净鲜用。主产于甘肃、河南、湖北、湖南、广西、四川、贵州、云南等地。

【性味归经】苦，寒。有毒。入肝、脾、胃经。

【功效】杀虫，疗疥。

【主治与应用】

（1）杀虫。本品驱蛔虫效力比使君子强，单用煎服或配使君子、槟榔、乌梅等，如《活兽慈舟》中用本品配使君子、石菖蒲、地榆，治猪虫积腹泻；治阴道滴虫，常配苦参、蛇床子煎水冲洗患部。

（2）疗疥。本品外用可杀疥螨，治疥螨可单用或配硫黄调醋外用。

【用量】马、牛：18~40 g；猪、羊：5~10 g；犬、猫：1~3 g。

【按语】本品以驱蛔虫为主，但有毒，不能长期使用，也不能过量，以免中毒。本品对猪毒性较大，用时小心。若轻度中毒，可用白糖甘草水解。

【现代研究】本品含苦楝素、苦楝酮、楝树碱、中性树脂、鞣质和香豆素的衍生物川楝素等。经猪试验表明，该药煎剂或醇提取物均对猪蛔虫有抑制以至麻痹作用。驱蛔作用的有效成分为川楝素，比乙醇提取物的作用强。低浓度的川楝素，对整条猪蛔虫及其节段有明显的兴奋作用，表现为自发活动增强，间歇地出现异常的剧烈收缩，破坏其运动的规律性，持续 10~24h，最后逐渐转入痉挛性收缩；大剂量的川楝素能引起大鼠呼吸衰竭；对在体兔及离体兔肠的张力和收缩力有显著增加。

四、鹤　虱

鹤虱为菊科多年生草本植物天名精或伞形科二年生草本植物野胡萝卜的干燥成熟果实。生用或炒用。天名精产于华北，称北鹤虱，为本草类书籍所载之正品；野胡萝卜主产于江南等地，称南鹤虱。生用或炒用。河南、山西、贵州、陕西、甘肃、湖北等地亦产。

【性味归经】苦、辛，平。有小毒。入脾、胃经。

【功效】杀虫。

【主治与应用】

本品苦辛有一定的杀虫作用。

（1）幼蛔虫、绦虫、蛲虫等多种肠道寄生虫，单用或在复方中用，如《和剂局方》中的化虫丸（胡粉、鹤虱、槟榔、苦楝皮、白矾）能杀肠中诸虫。

（2）体外寄生虫，配百部、蛇床子等，如《猪经大全》中用鹤虱、蛇床子、黄明胶，水煎外搽，治猪虱。

【用量】马、牛：15~30 g；猪、羊：5~10 g；犬：0.5~1.5 g。

【按语】鹤虱、苦楝根皮、使君子三药均有驱杀蛔虫作用，相互配伍更增强杀虫效果。

【现代研究】天名精果实含鹤虱内酯、挥发油（主要为天名精酮及天名精内酯）等，种子含二十六烷醇。天名精种子有驱虫作用，野胡萝卜种子的醇提取物的水溶性部分，有两种季铵型生物碱，一种有胆碱样作用，另一种则尚未确定。东北鹤虱的果实，在试管内对蚯蚓、猪蛔虫、水蛭均有杀灭作用；10% 鹤虱酒精提取物 1 mL 于试管内对猪蛔虫头部作用不明显，须加入 25 mL 才能使之挛缩停止。

五、榧　子

榧子为红豆杉科常绿乔木植物榧树的成熟种子。生用或炒用。主产于江苏南部、浙江、福建北部、安徽南部等海拔 1 400 m 以下的山地。

【性味归经】甘、涩，平。入胃、大肠经。

【功效】杀虫，缓泻去积。

【主治与应用】本品有良好的杀虫作用，主治蛔虫和绦虫病，用量较大时有轻泻作用。驱蛔虫单用或配使君子、苦楝皮等，如《活兽慈舟》中用榧子、槟榔、贯众、白芷、甘草，治猪蛔虫病。驱绦虫配南瓜子；驱钩虫配槟榔、贯众、百部等。

【用量】马、牛：15~30 g；猪、羊：6~12 g；犬：1~2 g。

【按语】榧子药性平和，有良好的杀虫作用兼有轻泻作用，对肠道寄生虫有较好的疗效。

【现代研究】本品含脂肪油，另含挥发油及鞣质。本品能驱绦虫，其有效成分不溶于水、醇、醚，而溶于苯；本品杀灭钩虫效果较好；日本产榧子含生物碱，对子宫有收缩作用。

六、蛇床子

蛇床子为伞形科一年生草本植物蛇床子的果实。酒浸、炙用。全国各地均有分布。

【性味归经】辛、苦，温。有小毒。入肾、三焦经。

【功效】祛湿杀虫，温肾壮阳。

【主治与应用】

（1）祛湿杀虫。本品苦泄，为燥湿杀虫要药。适用于：①阴囊、阴户湿痒，近代用以治滴虫性阴道炎，配苦参、忍冬藤、土茯苓、白矾等；②疥癞瘙痒，配硫黄、枯矾、狼毒等外用；③驱体内寄生虫，配雷丸、榧子、大风子等，如杀虫散（雷丸、榧子、使君子、苦楝子、大风子、蛇床子、贯众、厚朴、枳实、石榴皮）治猪肠内寄生虫。

（2）温肾壮阳。本品有温肾壮阳作用，其功效与菟丝子、巴戟天相似。适用于：①公畜阳痿、肾虚尿多、腰脊痿软，常配五味子、菟丝子、覆盆子、蜂蜜等；②母畜宫寒不孕，配补骨脂、菟丝子、淫羊藿、香附等。

【用量】马、牛：30~60 g；猪、羊：15~30 g；犬：3~12 g。

【按语】蛇床子味辛苦，性温，内服有温肾壮阳、暖宫作用，配合其他杀虫药内服能灭肠内寄生虫，外用煎水洗，治皮肤湿疮、阴囊湿痒、阴道炎，特别是对滴虫性阴道炎，有较好疗效。

【现代研究】果实含挥发油，油中主要成分为蒎烯、莰烯、异戊酸、龙脑酯等；种子含香柑内酯、欧山芹素及食用白芷素。蛇床子的总香豆素具有平喘作用，能使哮喘患者肺部哮鸣音明显减少或消失，并能显著增高呼气高峰流速值，改善肺部通气功能；本品对流行性感冒病毒及多种皮肤真菌有抑制作用；本品有类似性激素样作用；蛇床子乙醇提取物每天 20 mg 皮下注射于小白鼠，连续 32 d，能延长雌鼠发情期，缩短动情间期，并能使去势鼠出现动情期，卵巢及子宫重量增加，还具有雄性激素样作用。

七、大　蒜

大蒜为百合科植物大蒜的新鲜地下鳞茎。砸碎为泥，生用或泡酒用。全国各地均产。

【性味归经】辛，温。入肝、胃经。

【功效】解毒杀虫，健脾胃。

【主治与应用】

（1）解毒杀虫。本品辛烈，能通脏腑及诸窍，长于避秽浊，解毒杀虫。适用于：①泻痢腹痛，配白头翁、黄连等，亦可用 5%~10% 大蒜浸液灌肠，或用 40% 大蒜酊剂内服，或配红糖服；②阴道滴虫，单用有效。

（2）健脾胃。可用于脾胃不和、食欲减少、肚腹胀满等。原药制成酊剂使用效果良好。

【用量】马、牛：60~120 g；猪、羊：15~30 g；犬、猫：1~3 g；禽、兔：0.5~1.5 g。

【按语】大蒜为辛辣健胃剂，制成配剂内服能增进食欲，帮助消化；生用能杀虫解毒，可用于多种肠道疾病。李时珍在《本草纲目》中说：“葫蒜其气熏烈，能通五脏，达诸窍，去寒湿，避邪恶，消痈肿，化症积肉食，此其功也”。

八、雷 丸

雷丸为白蘑科真菌雷丸的干燥菌核。多寄生于竹的枯根上。切片生用或研粉用，不宜煎煮。主产于四川、贵州、云南等地。

【性味归经】苦，寒。有小毒。入胃、大肠经。

【功效】杀虫。

【主治】虫积腹痛。

【应用】绦虫病、蛔虫病、钩虫病等：以驱杀绦虫为主，常单用或配伍槟榔、牵牛子、木香等。

【用量】马、牛：30~60 g；猪、羊 :10~20 g。

【成分】含雷丸素（蛋白分解酶）、凝集素、钙、镁和铝等。

【药理】

（1）有驱杀绦虫的作用，机理可能与有效成分蛋白酶对虫体皮层的损伤程度有关，并与药物浓度和作用时间有关。

（2）对丝虫病、脑囊虫病也有一定的疗效。

九、贯 众

贯众为鳞毛蕨科植物粗茎毛蕨的干燥根茎及叶柄残基。又称绵马贯众。主产于湖南、广东、四川、云南、福建等地。

【性味归经】苦，寒。有小毒。入肝、胃经。

【功效】杀虫，清热解毒，止血。

【主治】虫积腹痛，湿热疮毒，出血证。

【应用】

（1）虫积腹痛：绦虫病、蛲虫病、钩虫病等，常与芜荑、百部等配伍。

（2）湿热毒疮、时行瘟疫：可单用或配伍白药子、金银花等同用。

（3）血热出血：血热妄行所致子宫出血、衄血等，本品炒炭与旱莲草、生地等同用。

【用量】马、牛：20~60 g；猪、羊：10~15 g。

【注意事项】肝病、贫血、衰老病畜及孕畜忌用。

【成分】含绵马酸、黄绵马酸、白绵马素、绵马素、绵马贯众素、粗蕨素、松甾酮、羟基促脱皮甾酮、促脱甾酮、羊齿三萜、绵马三萜、鞣质、挥发油和树脂等。

【药理】

（1）醇提取物对金黄色葡萄球菌和大肠杆菌具有明显的抗菌作用。

（2）煎剂对流感病毒 PR8 株，亚洲甲型京科 68–1 株、57–4 株，新甲 1 型连防 77–2 株等均有明显抑制作用。

（3）提取物对四氯化碳和 D– 氨基半乳糖诱发的小鼠肝损伤具有保护作用。

十、鹤草芽

鹤草芽为蔷薇科植物龙牙草的干燥地上部分。晒干，研粉用。全国大部分地区均有分布。

【性味归经】苦、涩，凉。入肝、大肠、小肠经。

【功效】杀虫。

【主治】绦虫病。

【应用】绦虫病：本品为治疗绦虫病要药。单用研粉灌服。

【用量】马、牛：100~200 g；猪、羊：30~60 g。

【成分】含鹤草酚等。

【药理】

（1）能使绦虫体痉挛致死，对头节、颈节、体节均有作用。对猪、羊、猫绦虫均有良好的疗效。

（2）驱虫有效成分鹤草酚几乎不溶于水，故用时以散剂为宜。

十一、常　山

常山为虎耳草科植物常山的干燥根。晒干切片，生用或酒炒用。主产于长江以南各省及甘肃、陕西等地。

【性味归经】苦、辛，寒。有小毒。入肝，肺经。

【功效】截疟，杀虫，解热。

【主治】球虫病，宿草不转。

【应用】疟疾、球虫病：鸡疟及鸡、兔球虫病，单味煎服或与其他药配伍拌料喂服。

【用量】马、牛：30~60 g；猪、羊：10~15 g；兔、禽：0.5~3 g。

【注意事项】有致呕的不良反应，用量不宜过大，孕畜慎用。

【成分】含常山碱甲、乙、丙，常山次碱等多种生物碱及伞形花内酯等。

【药理】

（1）对甲型流行性感冒病毒（PR6）有抑制作用。

（2）所含生物碱对疟原虫有强的抑制作用。

（3）常山碱甲、乙、丙，均有降压作用。

（4）能刺激胃肠道及作用于呕吐中枢，引起呕吐。

十二、狼　毒

狼毒为大戟科植物月腺大戟或狼毒大戟的干燥根。切片生用。主产于安徽、河南、黑龙江、吉林、辽宁、河北、山西、内蒙古等地。

【性味归经】辛，平。有小毒。入肝、脾经。

【功效】杀虫，破积，祛痰。

【主治】疥癣，宿草不转。

【应用】

（1）疥癣：单用或配伍大风子、花椒、硫黄等用。

（2）宿草不转：常与大戟、木通、槟榔、枳实、莱菔子等配伍。

【用量】马、牛：6~15 g；猪、羊：3~6 g。外用适量。

【成分】月腺大戟含月腺大戟素、异槲皮素、芦丁、没食子酸和鞣花酸。狼毒大戟含狼毒大戟甲素、狼毒大戟乙素和 β－香树脂醇乙酸酯等。

【药理】

（1）狼毒大戟水和乙醇提取物分别腹腔注射对小鼠移植性 Heps 肝癌和 Lewis 肺癌生长均有一定抑制作用。

（2）对大肠杆菌、伤寒杆菌、变形杆菌等肠道致病菌有完全抑制作用。

（3）煎剂灌胃给药能提高电击法与热板法所致的小鼠痛阈，具有良好的镇痛作用。

十三、大风子

大风子为大风子科植物大风子的干燥成熟种子。生用。主产于越南、泰国、印度等地，我国云南、台湾和广西有栽培。

【性味归经】辛，热。有毒。入肺、脾、肝经。

【功效】祛风燥湿，攻毒杀虫。

【主治】疥癣。

【应用】疥癣：常与巴豆、狼毒、花椒、苍术、硫黄、枯矾等同用。

【用量】马、牛：6~20 g。外用适量。

【成分】含大风子油酸、次大风子油酸、大风子烯酸、油酸甘油酯及软脂酸甘油酯等。

【药理】

（1）大风子油及其脂肪酸钠盐在试管中对结核杆菌及其他抗酸杆菌均有抑菌作用。

（2）水浸液体外对奥杜盎氏小孢子菌也有抑制作用。

（3）大风子油及其衍生物有刺激性，还能引起呕吐、头痛、腹痛等毒副作用。

十四、鸦胆子

鸦胆子为苦木科植物鸦胆子的干燥成熟果实。生用。主产于广东、广西、福建、台湾等地。

【性味归经】苦，寒。有小毒。入肝、大肠经。

【功效】清热燥湿，杀虫，解毒，蚀疣。

【主治】下痢久泻，赘疣。

【应用】

（1）下痢久泻：大肠湿热或球虫引起的下痢久泻，常与白头翁、槐花等同用。

（2）赘疣：单味研末，凡士林调敷患处。

【用量】马、牛：6~15 g；猪、羊：1~3 g。外用适量。

【成分】含鸦胆苦醇、双氢鸦胆苦醇、鸦胆子苷 A、双氢鸦胆子苷 A、鸦胆子素 B、鸦胆子素 D、鸦胆子素 H 等。

【药理】

（1）鸦胆子仁及其有效成分对阿米巴有杀灭效力。

（2）有呕吐、腹泻、便血、胃肠道充血出血、肝脏脂肪变性及充血、肾脏充血及变性等毒副作用。

（3）鸦胆子油提取物对金黄色葡萄球菌、大肠杆菌、绿脓杆菌、白色念珠菌、溶血性链球菌、淋球菌均具有较强抗菌作用，并具有一定的镇痛、止痒、抗炎作用。

第七节　外用药

外用药是指常以外用为主的药物。具有解毒消肿、化腐拔毒、排脓止痛、活血止血之功，主用于痈肿、外伤等化脓感染，其中某些药物也可作内服用。

外用药多数具有较强的毒性，凡外用时，用量宜少，避免局部吸收中毒；内服更应控制药量，不能持久使用，以防蓄积中毒。

一、硫黄

硫黄为自然元素类矿物硫族自然硫，或用含硫矿物经加工而成。研末或制用。主产于山西、陕西、河南、广东、台湾等地。

【性味归经】酸，温。有毒。入肾、脾、大肠经。

【功能主治】解毒杀虫，补火助阳。主治疥癣疮毒，阳痿，虚寒气喘。

【用量】马、牛：10~30 g；猪、羊：0.3~1 g。外用适量。

【应用】

（1）疥癣疮毒所致的皮肤湿烂等，常制成10%~25%的软膏外敷，或与大风子，木鳖子、狼毒等同用。

（2）命门火衰所致的阳痿等，常与附子、肉桂等同用。

（3）肾不纳气所致的气喘，常与胡芦巴、补骨脂等同用。

【禁忌】孕畜慎用。

【药理】含硫及少量砷、铁、石灰、黏土、有机质等，外用具有杀灭皮肤寄生虫、抑制皮肤真菌等作用，内服刺激肠壁而起缓泻作用。

二、雄　黄

雄黄为硫化物类矿物雄黄族雄黄，主含二硫化二砷。研极细粉或水飞。主产于湖南、贵州、湖北、云南、四川等地。

【性味归经】辛，温。有毒。入肝、胃经。

【功能主治】解毒杀虫，燥湿祛痰。主治疮痈肿毒，疥癣，蛇虫咬伤。

【用量】马、牛：5~15 g；猪、羊：0.5~1.5 g；犬：0.05~0.15 g；兔、禽：0.03~0.1 g。

【应用】

（1）疮痈肿毒，常与白及、大黄等同用。

（2）疥癣，单味研末外敷或制成油剂外涂，或与狼毒、猪牙皂、巴豆等同用。

（3）蛇虫咬伤，常与五灵脂为末，酒调涂患处。

【禁忌】孕畜禁用。

【药理】含三硫化二砷及少量重金属盐，具有抑菌、杀虫作用。内服在肠道吸收，毒性较大，有引起中毒危险，也能从皮肤吸收，大面积或长期使用会产生中毒。

三、冰　片

冰片为菊科植物艾纳香的鲜叶经蒸馏、冷却所得的结晶品，或以松节油、樟脑为原料经化学方法合成。研末用。主产于广东、广西、上海、北京、天津等地。

【性味归经】辛、苦，微寒。入心、肝、脾、肺经。

【功能主治】通窍醒脑，消肿止痛。主治咽喉肿痛，口舌生疮，目赤翳障，疮疡肿毒，神昏惊厥。

【用量】马、牛：3~6 g；猪、羊：1~1.5 g；犬：0.5~0.75 g。外用适量。

【应用】

（1）咽喉肿痛、口舌生疮等，常与硼砂、朱砂、玄明粉等同用，如冰硼散；目赤翳障，单味或与炉甘石、硼砂、琥珀等配伍点眼。

（2）疮疡肿毒溃后久不收口，常与硼砂、滑石等同用。

（3）神昏惊厥，常与麝香同用，如安宫牛黄丸。

【药理】含龙脑，具有抗菌、抗炎、促进其他药物透皮吸收等作用。

四、儿　茶

儿茶为豆科植物儿茶的去皮枝、干的干燥煎膏。生用。主产于云南南部。

【性味归经】苦、涩，微寒。入肺经。

【功能主治】收湿敛疮，生肌止血。主治疮疡多脓、久不收口，外伤出血，泻痢便血，肺热咳嗽。

【用量】马、牛：15~30 g；猪、羊：3~10 g；犬、猫：1~3 g。外用适量。

【应用】

（1）疮疡多脓、久不收口及外伤出血等，常与冰片、乳香、没药等同用，如生肌散。

（2）泻痢便血，常与黄连、黄柏等同用。

（3）肺热咳嗽，常与桑叶、硼砂等同用。

【药理】含儿茶鞣酸、儿茶精及表儿茶酚等，具有抑菌、止泻、止血、促进创伤形成痂膜等作用。

五、白　矾

白矾为含硫酸盐类矿石中的明矾石煎炼而成。又称明矾，煅后称枯矾。捣碎用或煅用。主产于山西、甘肃、湖北、浙江、安徽等地。

【性味归经】涩、酸，寒。入脾经。

【功能主治】燥湿祛痰，杀虫止痒，止血止泻。主治痈肿疮毒，湿疹，疥癣，口舌生疮，咳喘，久泻便血。

【用量】马、牛：15~30 g；猪、羊：5~10 g；犬、猫：1~3 g；兔、禽：0.5~1 g。外用适量。

【应用】

（1）痈肿疮毒，常与雄黄同用；皮肤湿疹，常与冰片、黄柏等同用；疥癣，常与硫黄、大风子等同用；口舌生疮，常与冰片研末外用。

（2）痰涎壅盛所致的鼻流白脓、咳喘等，常与白及、贝母、黄芩、葶苈子等同用。

（3）久泻不止、便血等，单用或与五倍子、诃子、五味子等同用。

【药理】含硫酸钾铝，内服后能刺激胃黏膜引起反射性呕吐，至肠则不吸收，能抑制肠腺的分泌，因而有止泻之效。枯矾能与蛋白形成难溶于水的化合物而沉淀，故可用于局部创伤止血；对人型、牛型结核杆菌，金黄色葡萄球菌，伤寒杆菌，痢疾杆菌均有抑制作用。

六、硼　砂

硼砂为硼砂矿经精制而成的结晶。研细用。主产西藏、青海、四川等地。

【性味归经】甘、咸，凉。入肺、胃经。

【功能主治】清热，祛痰，解毒。主治口舌生疮，咽喉肿痛，目赤肿痛，痰热咳喘。

【用量】马、牛：10~25 g；猪、羊：2~5 g。外用适量。

【应用】

（1）口舌生疮、咽喉肿痛，常与冰片、玄明粉、朱砂等同用；目赤肿痛，单味制成洗眼剂使用。

（2）痰热咳喘，常与瓜蒌、青黛、贝母等同用。

【药理】含四硼酸二钠，能刺激胃液的分泌，至肠吸收后由尿排出，能促进尿液分泌及防止尿道炎症。外用对皮肤、黏膜有收敛保护作用，并能抑制细菌生长，用于治疗湿毒引起的皮肤糜烂。

七、木鳖子

木鳖子为葫芦科植物木鳖的干燥成熟种子。主产于广东、广西、湖北、安徽等地。

【性味归经】苦、微甘，温。有毒。入肝、大肠经。

【功能主治】散结消肿，攻毒疗疮。主治疮痈，乳痈。

【用量】马、牛：3~9 g；猪、羊：1~1.5 g。

【应用】

（1）疮痈肿痛，单味外敷，日久不溃者可促使破溃排脓。

（2）乳痈，内服可消散肿块。

【药理】含木鳖子素、皂苷及脂肪油，具有抗氧化和抗癌作用。

八、斑　蝥

斑蝥为芫菁科昆虫南方大斑蝥、黄黑小斑蝥的干燥体。全国大部分地区均有分布，安徽、河南、广东、广西、贵州、江苏等地产量较大。

【性味归经】辛，寒。有大毒。入胃、肺、肾经。

【功能主治】攻毒蚀疮，破血散结。主治恶疮，瘰疬。

【用量】马、牛：6~10 g；猪、羊：2~6 g。

【应用】

（1）恶疮，单味研末，与蒜捣膏外敷。

（2）瘰疬，常与玄明粉同用。

【禁忌】孕畜慎用。

【药理】含斑蝥素、去甲斑蝥素、甲基斑蝥胺等，斑蝥素是斑蝥抗癌的有效成分，也是其毒性的主要成分。外用为皮肤发赤、发泡剂。

九、炉甘石

炉甘石为碳酸盐类矿物方解石族菱锌矿，主含碳酸锌（$ZnCO_3$）。火煅或醋淬后，研末用或水飞用。主产于广西、湖南、四川等地。

【性味归经】涩，平。入胃经。

【功能主治】敛疮生肌，退翳明目。主治疮疡不敛，目赤翳障。

【用量】适量外用。

【应用】

（1）肝热目赤肿痛、羞明多泪、睛生翳障等，常与冰片、硼砂、玄明粉等为末点眼。

（2）湿疹、疮疡多脓或久不收口等，常与铅丹、煅石膏、枯矾、冰片等同用。

【药理】含碳酸锌和钴、铁、锰、镁、钙的碳酸盐和极微量的镉和钼等，煅烧后为氧化锌，能部分溶解并吸收创面分泌液，起收敛、保护作用，并能抑制葡萄球菌的生长。

十、石　灰

石灰为石灰石（$CaCO_3$）煅烧而成的氧化钙（CaO）。各地均产。

【性味归经】辛，温。有毒。入心、肝、脾经。

【功能主治】止血生肌，杀虫，消胀。主治创伤，烫伤，气胀。

【用量】牛、马：10~30 g；猪、羊：3~6 g，外用适量。

【应用】

（1）创伤出血，熟石灰与大黄同炒，散布疮口，如桃花散，或与枯矾、血竭、乳香、没药等研末外用。

（2）烫伤，熟石灰加水浸泡，搅拌，澄清后吹去水面浮衣，取中间清水 1 份加麻油 1 份，调成乳状，搽涂烫伤处。

（3）牛臌胀证，制取 10% 的清液 500~1 000 mL 灌服。

【药理】生石灰为氧化钙（CaO），熟石灰为氢氧化钙 [$Ca(OH)_2$]，具有制酵作用。10%~20% 的石灰水常用于场地消毒，其杀菌作用主要是改变介质的 pH，夺取微生物细胞的水分，并与蛋白质形成蛋白化合物。

十一、硇　砂

硇砂为含氯化铵的结晶体。主产于青海、新疆、四川、西藏、陕西等地。

【性味归经】咸、苦、辛，温。入肝、脾、胃经。

【功能主治】软坚散结，消积祛瘀。主治痈疽疮毒。

【用量】马、牛：15~30g；猪、羊：3~10g；犬：1.5~5 g。

【应用】痈疽疮毒，常与铅丹等同用。

【药理】含氯化铵，能增加呼吸道黏膜的分泌，使黏液变为稀薄，容易咳出，故有祛痰作用，又能使肾小管内氯离子浓度增加，排出时携带钠和水而产生利尿作用。

硇砂不良反应是引起呕吐、口渴和高氯性酸中毒。

十二、铅　丹

铅丹为纯铅炼制而成的四氧化三铅（Pb_3O_4）。主产于河南、广东、福建、湖南等地。

【性味归经】辛，微寒。有毒。入心、肝经。

【功能主治】解毒生肌。主治疮疡肿毒。

【用量】马、牛：3~6 g；猪、羊：1~2 g。

【应用】疮疡肿毒未溃者，外敷可使脓溃消肿，已溃者能拔毒生肌。

【药理】含四氧化三铅、一氧化铅及过氧化铅等，能直接杀灭细菌、寄生虫，并有抑制黏液分泌作用，用于疮疡多脓，为膏药的重要原料，为外科常用药。

十三、水　银

水银为矿石中天然汞或由汞矿物制得，多作为成药原料，单用水银较少。主产于贵州、四川、湖南、山西、陕西等地。

【性味归经】辛，寒。有剧毒。入心、肝、肾经。

【功能主治】攻毒，杀虫。主治痈疮肿毒、疥癣。

【用量】外用适量。

【应用】痈疮肿毒，常用三仙丹（由水银配伍火硝、白矾升炼而成）；疥癣，常与硫黄、枯矾、大风子等同用。

【禁忌】孕畜忌用。

【药理】主要含汞及微量的银。是红升丹、黄升丹、白降丹、轻粉等成药的原料。水银的化合物有消毒、泻下、利尿作用，现已不用或罕用。汞离子能与硫基结合而干扰细胞的代谢与功能。

【相关知识】

凡以外用为主，通过涂敷、喷洗形式治疗家畜外科疾病的药物（方剂），称为外用药（方）。外用药一般具有杀虫解毒、消肿止痛、去腐生肌、收敛止血等功用。临床多用于疮疡肿毒、跌打损伤、疥癣等病症。由于疾病发生部位及症状不同，用药方法各异，如内服、外敷、喷洒、熏洗、浸浴等。

外用药多数具有毒性，内服时必须严格按制药的方法，进行处理及操作，以保证用药安全。本类药一般都与他药配伍。较少单味使用。

第八节　理气药

凡能调理气分，疏通气机，消除气滞的方药，称为理气药。

本类方药性味多辛温芳香，具有行气健脾，疏肝解郁，降气平喘等作用，从而达到气机舒畅，升降通达而消除疼痛的目的，即“结者散之”“木郁达之”。主要用于脾胃气滞、肝气郁滞及肺气壅塞证。此外，部分理气药还有健脾胃，祛痰，散结作用。

应用本类方药时，应辨明病证，并根据药物的不同特点作出适宜的选择和配伍。如湿邪困脾兼见脾胃气滞，可将理气药同燥湿、温中等药配伍；食欲减退，宿草不转，可将理气药同消食药或泻下药同用；脾胃虚弱，运化无力所致的气滞，可配伍健胃、助消化药；如痰饮，瘀血而兼有气滞者，应分别配伍祛痰药或活血祛瘀药。

本类药物多辛燥，易于耗气伤阴，故气虚、阴亏的病畜慎用，必要时可配伍补气、补阴药。

一、陈　皮

【性味归经】苦、辛，温。入脾、肺经。

【功效】理气健脾，燥湿化痰。

【主治】肚腹胀满，消化不良，泄泻，咳喘等。

【附注】“橘皮开胃去痰导壅滞之逆气”。本品辛散苦降，芳香醒脾，温和不峻，偏于理肺脾之气。不但有理气燥湿之功，而且有和百药之效，各随配伍而有补、泻、升、降之力，故有“通五脏而治百病”之说。青皮、陈皮同为一物，均为橘的果皮，成熟者为陈皮，未成熟者为青皮。青皮破气而性猛，以疏肝气消积为长；陈皮行气而力缓，以健脾燥湿为主。

二、枳　实

【性味归经】苦、辛，微寒。入脾、胃、大肠经。

【功效】破气消积，化痰除痞。

【主治】肚腹胀满，便秘，食积痰滞，消化不良等。

【附注】“宽中下气枳壳缓而枳实速也”。枳实、枳壳同为一物，枳实果嫩性猛，多用于痞满、便秘；枳壳果老性缓，善于宽中理气。枳实味苦性寒，善破泄胃肠结气，对食滞腹胀腹痛、胃肠结气、大便不畅等效果较好，其破气作用甚强。

本品含挥发油、黄酮苷、生物碱、皂苷等，对胃肠有兴奋作用，能使胃肠运动收缩节律增强而有力；可使子宫平滑肌张力增大，有改善心肌代谢，加强心肌收缩等作用。

三、木　香

【性味归经】辛、苦，温。入脾、胃、大肠、胆、三焦经。

【功效】行气止痛，健胃消食。

【主治】气滞腹痛，消化不良，痢疾泄泻等。

【附注】“木香理乎气滞”。木香辛散苦降温通，芳香性燥，可升可降，能宣散一切寒凝气滞，尤善行胃肠气滞而止痛。生用行气，煨用止泻。

本品含挥发油、20种氨基酸及木香碱等，对兔离体肠管能降低其紧张性，并可拮抗乙酰胆碱引起的收缩效应。小剂量木香挥发油有兴奋心脏作用，对伤寒杆菌、痢疾杆菌、大肠杆菌、多种真菌有一定抑制作用。

四、厚　朴

【性味归经】苦、辛，温。入脾、胃、肺大肠经。

【功效】燥湿健脾，行气宽中。

【主治】消化不良，肚腹胀满，泄泻，咳嗽等。

【附注】"厚朴温胃而去呕胀消痰亦验。"厚朴苦能下气，辛能散结，温能燥湿，善除胃中滞气，燥湿散满。枳实与厚朴均治气结气滞，但枳实以消积导滞为用，偏于破气散结，多用于实证；厚朴以散满除胀为治，偏于行气燥湿，对于虚证或虚中夹实证均可应用，尤以有湿浊阻滞者最相适宜。

本品含厚朴酚、异厚朴酚、挥发油等，对痢疾杆菌和葡萄球菌均有较强的抑制作用。

五、香　附

【性味归经】辛、微苦、微甘，平。入肝、脾、三焦经。

【功效】行气解郁，活血止痛。

【主治】胸腹胀满，消化不良，产后腹痛等。

【附注】"香附子理血气之用"。香附活血止痛，味辛能行气而活血，为气中之血药，专治气血瘀滞之病。故气行则郁解，气通则血行，凡一切气郁血滞之证多可选用。

本品所含挥发油既能直接抑制子宫平滑肌的收缩，又能明显提高机体对疼痛的耐受性，并有抑菌作用。

六、青　皮

青皮为芸香科植物柑橘，及其栽培变种的干燥幼果或未成熟果实的果皮。切片生用或炒用。主产于长江以南各省区。

【性味归经】苦、辛、温。入肝、胆经。

【功能主治】疏肝止痛，破气消积。主治胸腹胀痛，食积不化，乳痈。

【用量】马、牛：15~30 g，猪、羊：5~10 g；犬：3~5 g；兔、禽：1.5—3 g。

【应用】

（1）肝郁气滞所致的胸腹胀痛，常与郁金、香附、柴胡等同用。

（2）食积肚腹胀痛、草少、呕吐或泄泻等，常与神曲、山楂、麦芽等同用。

（3）气血郁结疼痛，常与枳实、山楂、莪术等同用；乳痈，常与金银花、瓜蒌、香附等同用。

七、砂　仁

砂仁为姜科植物阳春砂、绿壳砂或海南砂的干燥成熟果实。生用或炒用。主产于云南、广东、广西等地。

【性味归经】辛，温。入胃、脾、肾经。

【功能主治】行气和中，温脾止泻，安胎。主治脾胃气滞，脾胃气虚，脾胃虚寒及胎动不安。

【用量】马、牛：15~30 g；猪、羊 3~10 g；犬：1—3 g；兔、禽：1—2 g。

【应用】

（1）脾胃气滞、湿阻中焦、食少便溏、肚腹胀满等，常与枳实、陈皮等同用。

（2）脾胃虚寒、泄泻等，常与木香、党参、白术、茯苓等同用。

（3）胎动不安，常与白术、桑寄生、续断等同用。

【药理】含挥发油（乙酸龙脑酯、樟烯、樟脑、龙脑等），具有健胃、抑制肠痉挛、抗炎、镇痛等作用。

八、乌　药

马药为樟科植物乌药的干燥块根。切片生用。主产于浙江，产于天台者习称台乌；安徽、湖北、江苏、广东、广西等地也有出产。

【性味归经】辛，温。归肺、脾、肾、膀胱经。

【功能】顺气止痛，温肾散寒。

【主治】

（1）寒郁气滞所致的胸腹胀痛，常与香附、木香等同用。

（2）尿频数，常与益智仁、山药等同用。

【用量】马、牛：30~60 g；猪、羊：10~15 g；犬、猫：3~6 g；兔、禽：1.5~3 g。

【成分药理】含挥发油、新木姜子碱、波尔定碱、牛心果碱等。

（1）水提液、醇提物水溶液能够明显延长小鼠热板法痛阈值。

（2）对大鼠离体胃底条有兴奋作用，且有明显的量效关系。

九、丁　香

丁香为桃金娘科植物丁香的干燥花蕾。捣碎生用。主产于广东和热带地区。

【性味归经】辛，温。归脾、胃、肺、肾经。

【功能】温中降逆，暖肾助阳。

【主治】

（1）胃寒呕吐、食少等，常与砂仁、白术等同用。

（2）阳痿、宫寒等，常与附子、肉桂、茴香、巴戟天等同用。

【用量】马、牛：10~30 g；猪、羊：3~6 g；犬、猫：1~2 g；兔、禽：0.3~0.6 g。

【禁忌】不宜与郁金同用。

【成分药理】含挥发油、甲基正庚基甲酮、山柰酚、鼠李素和齐墩果酸等。

（1）对福氏志贺氏杆菌、沙门氏杆菌、大肠杆菌、金黄色葡萄球菌、绿脓杆菌等有抑制作用。

（2）丁香酚能抑制巴豆油引起的小鼠耳肿胀。

（3）水提物能减少番泻叶引起的小鼠腹泻次数。

十、草　果

草国为姜科植物草果的干燥成熟果实。生用或炒用。主产于广东、广西、云南、贵州等地。

【性味归经】辛，温。归脾、胃经。

【功能】温中燥湿，行气消胀。

【主治】

（1）痰浊内阻、苔白厚腻等，常与槟榔、厚朴、黄芩等同用。

（2）寒湿阻滞中焦所致的食少冷痛、肚腹胀满、食积不消、反胃呕吐等，常与草豆蔻、厚朴、苍术等同用。

【用量】马、牛：20~45 g；猪、羊:3~10 g。

【成分、药理】含挥发油。具有一定的促进胃液分泌作用。

十一、槟　榔

为棕榈科植物槟榔的干燥成熟种子。切片生用或炒用。主产于广东、台湾、云南等地。

【性味归经】苦、辛，温。归胃、大肠经。

【功能】驱虫，消积，降气行水。

【主治】

（1）绦虫、姜片虫等寄生虫病，单用或与南瓜子、贯众、木香等同用，尤以猪、鹅、鸭绦虫最有效，对于蛔虫、蛲虫、血吸虫等也有驱杀作用。

（2）食积气滞，常与青皮、枳壳、神曲、厚朴等同用；腹胀便秘，与大黄、枳实等同用；里急后重，常与木香、黄芩等同用。

【用量】马：5~15 g；牛：12~60 g；猪、羊：6~12 g；兔、禽：1~3 g。鱼每1千克体重2~4 g，混于饲料中投服。

【成分药理】含槟榔碱、槟榔次碱、鞣质、脂肪油、槟榔红等。

（1）对链球菌、黄癣菌等有抑制作用，鸡胚实验表明有抗流感病毒作用。

（2）水煎液及槟榔碱水溶液增强大鼠胃底肌条、家兔离体肠管的收缩。

（3）对多种寄生虫有抑制或杀灭作用。

十二、赭　石

赭石为氧化物类矿物刚玉族赤铁矿，主含三氧化二铁（F_e2O_3）。生用或煅用。

主产于河北、山西、山东、广东、江苏、四川、河南、湖南等地。

【性味归经】苦，寒。归肝、心经。

【功能】平肝降逆，凉血，止血。

【主治】

（1）肝阳上亢所致的眼目红肿，常与龙骨、牡蛎、白芍等药同用。

（2）肺气上逆所致的咳喘，单用或与党参、山萸肉等同用；胃气上逆所致的呕吐等，常与旋覆花、半夏、生姜等同用，如旋覆代赭石汤。

（3）血热所致的衄血、便血等，常与地黄、芍药、栀子等同用。

【用量】马、牛：30~120 g；猪、羊：15—30 g。

【禁忌】孕畜慎用。

【成分药理】含 Fe、Ca 及丰富的 Cu、Zn、Mn、Co、Ni 等。

（1）对胃肠黏膜有收敛和保护作用；同时能促进红细胞和血红素的新生。

（2）对中枢神经有镇静作用。

第九节　补虚药

凡能补虚扶弱，增强动物体质与抵抗力，治疗虚证为主的药物，称为补虚药，亦称补养药或补益药。

本类药物能够扶助正气，补益精微，大多具有甘味，故有“甘能补”的理论。各类补虚药的药性和归经等性能，互有差异，其具体内容将分别在各节概述中介绍。

现代药理研究表明，补虚药可增强机体的免疫功能，对肝脏、脾脏和骨髓等器官组织的蛋白质合成有促进作用，并可调节内分泌功能，改善虚证患畜的内分泌功能减退，具有增强心肌收缩力、抗心肌缺血、抗心律失常、促进造血功能、改善消化功能、抗应激等多方面的作用。但补虚药应用，一要防止不当补而误补，犯“虚虚实实”之戒；二要避免当补而补之不当，不分气血，不别阴阳，不辨脏腑，不明寒热，盲目补虚，不但收不到预期的疗效，而且还可能导致不良后果；三是扶正祛邪要分清主次，处理好祛邪与扶正的关系，避免使用可能妨碍祛邪的补虚药，从而达到“祛邪而不伤正，补虚而不留邪”的目的；四应注意补而兼顾脾胃，部分补虚药药性滋腻，过用或用于脾运不健者可能妨碍脾胃运化，应适当配伍健脾消食药而顾护脾胃。同时，补气还应辅以行气，或除湿、化痰，补血还应辅以行血。

此外，有的补虚药还分别兼有祛寒、润燥、生津、清热等及收涩功效。补虚药除用于虚证以补虚扶弱外，还常常与其他多类药物配伍以扶正祛邪，或与容易损伤正气的药物配伍应用以保护正气，免受其虚。

一、补气药

凡具有补益脏气作用，以纠正动物脏气虚衰病理偏向的药物，就是补气药。

本类药物根据其作用侧重的不同，又可分为补脾气、补肺气、补心气、补元气等。本类药物大多性味甘温或甘平，但也有少数兼能清火或具燥湿的苦味；或药性偏寒，以能清火。大多数药能补益脾肺之气，主入脾、肺二经，少数药兼能补心气而归心经。本类药物可分别兼有养阴、生津、养血等不同功效，还可用于治疗阴虚津亏或血虚病证，尤宜于气阴（津）两伤或气血俱虚之疾。

使用本类药物除应综合考虑外，治疗脾虚食滞，常配伍消食药，以消除消化功能减弱而停滞的宿食；治疗脾虚湿滞，多配伍化湿、燥湿或利水渗湿药，以消除脾虚不运而致的水湿停滞；治疗中气下陷，多与升阳药配伍，以升举下陷的清阳之气；治疗脾虚久泻证，常与涩肠止泻药配伍；治疗脾不统血，常配伍止血药；治疗肺虚喘咳有痰，多配伍化痰、止咳、平喘药，以利痰咳痰喘的消除；治疗脾肺气虚自汗，多配伍能固表止汗药；治疗心气不足、心神不安，多配伍宁心安神药；若气虚兼见阳虚里寒、血虚或阴虚者，又需分别配伍补阳药、温里药、补血药或补阴药等；而用于扶正祛邪时，则需分别与解表药、清热药或泻下药等同用。

但本类部分味甘药物易致壅中，有碍气机运行而助湿滞，故对湿盛中满者慎用，必要时应辅以理气除湿之药。常用药物有人参、党参、太子参、黄芪、白术、山药、甘草、大枣、刺五加、绞股蓝、红景天、沙棘、蜂蜜等。

（一）人　参

人参为五加科植物人参的根。野生者称山参，栽培者称园参。园参经干燥或烘干，称生晒参；蒸制后干燥，称红参。山参经晒干，称生晒山参。主产于吉林、辽宁等地。

【性味归经】甘、微苦，微温。入脾、肺、心经。

【功效】大补元气，补脾益肺，益气生津，补益。

【主治与应用】

（1）大补元气。本品味甘，有大补元气、强心固脱之效，常用于挽救气虚欲脱、脉微欲绝之危重病证。对于贵重家畜出现危及生命的病证可试用。若血脱亡阳者，配熟地、当归；若阳衰气脱者，配附子、甘草等。

（2）补脾益肺。本品甘缓，善补脾益肺，培土生金，可用于：①脾胃气虚，食饮不振，腹胀粪稀，配白术、茯苓、甘草，如四君子汤；②肺气虚弱，气短喘促，配五味子、泡参、党参、黄芪、诃子等。

（3）益气生津。本品能益气生津，可用于热病伤津之证，常配生地、麦冬、乌梅、五味子，如《元亨疗马集》中以止渴人参散（人参、干葛、石膏、乌梅、茯苓、黄连、蜜、芦根）治马慢草贪水证。

（4）补益。本品最能鼓舞正气，增强抗病力，有利于疾病的转归，故对于某些衰弱性疾病，有较好的补益作用。

【用量】马、牛：6~20 g；猪、羊：3~8 g；犬：1~3 g。

【按语】人参甘苦微温，既能大补元气，又能益血生津，为各种虚证之要药；又可做某些急性虚脱证的急救药。单独使用即有良效。但因价格昂贵，故一般家畜不用，只有那些经济价值较高的种畜或役畜可考虑使用。

（二）党　参

党参为桔梗科多年生草本植物党参及同属多种植物的根。一般野生者习惯称台党，栽培者称潞党。生用或蜜炙用。主产于陕西、甘肃等地。

【性味归经】甘，平。入脾、肺经。

【功效】补中益气，补血生津。

【主治与应用】

（1）补中益气。本品甘平，能补中益气，健脾和胃，功同人参，而力稍逊，临床应用于各种气虚证。应用于：①肺气虚弱，气短声低，动则易喘，配黄芪、白术、五味子、炙冬花等；②脾胃虚弱，少食便溏，四肢无力，配白术、茯苓、苍术、陈皮、砂仁、木香等；③脾虚水肿，配茯苓、白术、猪苓、前仁、附子等；④中气下陷所致直肠脱出或子宫脱出，配陈皮、升麻、柴胡、白术、黄芪等，如《抱犊集》中以升阳举陷汤（党参、黄芪、柴胡、升麻、当归、陈皮、川芎、甘草）治疗牛子宫外脱。

（2）补血生津。本品可通过补气以生血，益气以生津，用于因脾胃气虚所致的血虚津液不足之证。用于血虚证，配鸡血藤、当归、白芍、熟地等；津液不足者配生地、白芍、花粉、麦冬等。

【用量】马、牛：18~60 g；猪、羊：6~12 g；犬：3~5 g；禽、兔：0.5~1.5 g。

【按语】党参甘平，既可补气，又可补血，善理脾胃诸疾，为治虚证要药，尤以气血两虚之证最相适宜。《本草正义》云："党参力能补脾养胃，润肺生津，健运中气，本与人参不甚相远。其尤可贵者，则健脾运而不燥，滋胃阴而不湿，润肺而不犯寒凉，养血而不偏滋腻，鼓舞清阳，振动中气，而无刚燥之弊。"

（三）黄　芪

黄芪为豆科多年生草本植物黄芪的根。生用或蜜炙用。主产于山西、内蒙古、吉林等地。

【性味归经】甘，微温。入脾、肺经。

【功效】补气升阳，固表止汗，托毒生肌，利水消肿。

【主治与应用】

（1）补气升阳。本品甘温益气，为主要的补气药，用于脾肺气虚所致的多种证候：①多种疾病后期气虚证，配党参、白术、炙甘草等；②气虚兼阳衰的形寒肢冷，配附子、干姜、甘草等；③血虚证，配当归，如当归补血汤；④中气下陷证，配党参、升麻、柴胡、白术、陈皮等，如补中益气汤。

（2）固表止汗。本品生用能固表止汗，用于马属动物表卫不固的多汗证。

若阳虚多汗，配牡蛎、浮小麦、麻黄根、白术等；阴虚盗汗，配熟地、知母、黄柏等。

（3）托毒生肌。本品温养脾胃而生肌，补益元气而托毒，能促进脓疮的早溃和肌肉的新生，用于：①气血不足，脓疮久不溃破，配当归、白芷、皂角刺等；②疮疡内陷，久溃不敛者，配党参、肉桂、熟地、当归、川芎、银花等。

（4）利水消肿。本品益气健脾，利水消肿，用于脾气虚弱所致小便不利、水湿停滞的水肿，常配防己、白术、薏苡仁、茯苓等，如《元亨疗马集》中以益气黄芪散（黄芪、党参、升麻、白术、茯苓、泽泻、生地、青皮、黄柏、甘草）治马慢草、四肢虚肿无力。

【用量】马、牛：15~60 g；猪、羊：6~15 g；犬：3~6 g；禽、兔：1~3 g

【按语】黄芪生用重在走表而外达皮肤，能固表止汗，托里透脓，敛疮生肌收口，炙用重在走里而补中益气，升提中气，补气生血，利尿消肿，为补气助阳之要药。

黄芪与党参均为补气的要药。但党参甘平，补气兼能养阴，守而能走，长于补益脾气；黄芪甘温，补气兼能扶阳，走而不守，偏于升提中气。故气虚津液不足之证多用党参，气虚并有阳虚寒象者多用黄芪，两者一偏益阴，一偏扶阳，凡气虚证宜相须为用，以增强疗效。

（四）孩儿参

孩儿参为石竹科植物孩儿参的干燥块根。主产于江苏、安徽、山东等省。

【性味归经】甘、苦，平。入脾、肺经。

【功效】补脾益气，养胃生津。

【主治与应用】

（1）补脾益气。本品补益作用远较人参、党参力弱，但其用量增大亦可收补益之效。用于：①脾胃气虚证，配党参、黄芪、白术等；②肺气虚弱，配泡参、党参、五味子等。

（2）益胃生津。本品为清补之剂，有清热、生津益胃的功效。用于：①热病气阴已伤的口渴，配五味子、党参、沙参、麦冬；②虚热不退，配竹叶、麦冬、石斛、青蒿等。

【用量】马、牛：30~60 g；猪、羊：10~25 g；犬：3~6 g；禽、兔：1~3 g。

【按语】孩儿参益气生津，为清补之品，其补力虽远不及人参，但侧重于补益阴气，生津止渴，补肺润燥。凡虚损而属阴虚者较适宜，尤其用于肺气不足、伤津口渴、阴虚咳嗽证更佳。其次对改善消化吸收功能也有一定的帮助，因此一般情况下可代党参用。

（五）白　术

白术为菊科多年生草本植物白术的根茎。用水或米泔水浸软切片，生用或麸炒、土炒用。主产于浙江、安徽等地。

【性味归经】苦、甘，温。入脾、胃经。

【功效】补脾益气，燥湿利水，固表止汗，安胎。

【主治与应用】

（1）补脾益气。本品甘香而温，能健脾胃之运化，为补脾益气的要药，用于：①脾胃气虚证，少食腹泻，配党参、茯苓、甘草、神曲、麦芽、山楂、陈皮等；②脾胃虚寒证，脘腹冷痛或呕吐等，配党参、干姜、吴茱萸、半夏、陈皮、甘草等，如理中汤。

（2）燥湿利水。本品苦温，既能健脾又能燥湿利水。用于：①脾阳不运，水湿内停的口吐清涎和胃内停水，配茯苓、半夏、桂枝、附子、甘草、泽泻等；②水湿外溢之水肿，配茯苓、泽泻、猪苓、桂枝等，如五苓散。

（3）固表止汗。用于马骡的表虚多汗证，配黄芪、浮小麦、煅龙骨等。

（4）安胎。本品与黄芪合用可用于胎动不安证，如《元亨疗马集》中将白术散（白术、黄芪、苏梗、当归、川芎、党参、砂仁、甘草、熟地、白芍、阿胶、陈皮、生姜）用于治气血虚损所致的胎动。

【用量】马、牛：20~60 g；猪、羊：6~15 g；犬、猫：1~5 g；禽、兔：1~2 g。

【按语】白术苦甘温，苦能燥湿健脾，甘能补脾益气，温能助阳祛寒，主人脾胃经，为燥湿健脾第一要药。因脾为湿土属阴，其性恶湿喜燥，脾主运化，得阳始运，遇湿易困。由于白术主补脾阳，健脾运，益脾气，燥脾湿，凡脾阳不振，运化失职，水湿内聚所致的腹胀、呕吐、腹泻或小便不利、水肿等证，用之相宜。

（六）山　药

山药为薯蓣科多年蔓生草本植物薯蓣的块根。生用或炒用。主产于河南等地，以河南温县等地所产质量最佳，称怀山药。

【性味归经】甘，平。入脾、肺、肾经。

【功效】补脾胃，益肺肾。

【主治与应用】

（1）补脾胃。本品甘能益气补中，性平而不燥，作用和缓，为平补脾胃之品。用于脾胃虚弱、食少、泄泻之证，配党参、白术、扁豆、茯苓，如参苓白术散用山药。

（2）益肺肾。本品益肺气，滋肺阴，补益肾气。用于：①肺虚久咳肺气虚，配黄芪、党参、五味子；肺阴虚，配沙参、百合等。②肾虚精滑，配熟地、山萸肉、龙骨、金樱子等；③肾虚多尿证，配益智仁、乌药、覆盆子、黄芪。

【用量】马、牛：30~60 g；猪、羊：10~30 g；犬：5~10 g；禽、兔：1~5 g。

【按语】山药甘平，质润多液，补而不滞，温而不热。能补脾肺，壮肾气，涩精气，益胃阴，在补药中应用很广，为补中益气最平和之品，是治里虚证的要药。凡补脾胃益肺气用炒山药，强肾生精用生山药。

党参与山药均有补中益气之功。但党参偏于补脾气，山药偏于养胃阴。故四君子汤之益气以党参为主药；六味地黄汤养阴配山药。

白术与山药均能补中益气。但白术燥湿健脾益气生血力大于山药，山药补肾强精之力大于白术。

（七）大　枣

大枣为鼠李科植物枣的成熟果实，生用。主产于河北、河南、山东等地。

【性味归经】甘，平。入脾、胃经。

【功效】补脾益胃，缓和药性。

【主治与应用】

（1）补脾益胃。本品甘缓能补脾益气，用于中气虚弱证，配党参、白术等，以增强缓补功效。

（2）缓和药性。本品甘缓性平，能调和药性，常与生姜同用，如桂枝汤用大枣以缓其发散；十枣汤用大枣以缓其峻烈，保其脾胃，使峻泻而不伤正。

【用量】马、牛：30~60 g；猪、羊：10~15 g；犬：5~8 g；禽、兔：1.5~5 g。

【按语】大枣甘平，能调和营卫，畅通气血，扶正祛邪，为治一切虚弱证的通用药物。古方今方常以姜枣为引，取其甘缓辛散之力以调和药性，提高疗效。《本草求真》云："大枣味甘气温，色赤肉润，为补脾胃要药。"又云："甘能解毒，故于百药中得甘则协，且于补药中，风寒散发药内，用为导向，则能于脾助其升发之气……不似白术性燥不润，专于脾气则补；山药性平不燥，专于脾阴有益之为异耳。"

二、补阳药

凡能助阳益肾，消除或改善阳虚证的药物，称为助阳药，又称补阳药。

肾阳乃一身之元阳，因此阳虚诸证与肾阳密切相关。补阳药主要指补肾阳。

补阳药性味多甘、辛、咸，温、热。入肾、肝经。本类药具有补肾阳，益精髓，壮筋骨等作用。适用于治疗形寒肢冷，腰胯无力，阳虚精关不固之滑精，尿频，泄泻，性机能衰退和肾不纳气所致虚喘等症。

本类药性多温燥，阴虚火旺者忌用。

（一）杜　仲

杜仲为杜仲科植物杜仲的干燥树皮。生用或盐水炒用。

【性味归经】甘、微辛，温。入肝、肾经。

【功能】补肝肾，强筋骨，暖宫安胎。

杜仲甘温，助阳益火，具有补肝肾、壮筋骨作用。常用于肾虚腰脊疼痛，肢体痿软；肝肾虚寒，胎元不固所致的胎动不安等症。

【应用】

（1）补肝肾，强筋骨：用于肾虚腰脊疼痛，腰肢乏力，四肢痹痛等症，常与牛膝、续断、菟丝子、桑寄生等配伍。

（2）暖宫安胎：用于因肝肾虚冷、冲任不固所致的胎动不安、习惯性流产等症，常与黄芪、白术、续断、艾叶、阿胶等配伍。

【用量】牛、马：15~60 g；猪、羊：5~15 g。

【注意事项】阴虚火旺者忌用。

（二）肉苁蓉

肉苁蓉为列当科植物肉苁蓉或欢蓉的干燥肉质茎。生用或酒炒用。主产于内蒙古、青海、新疆等省区。

【性味归经】甘、咸，温。入肾、大肠经。

【功能】补肾壮阳，润肠通便。

肉苁蓉甘温助阳，可补肾阳，益精血，且油润滑肠通便。常用于治疗肾阳虚衰、精血亏耗所致的阳痿、不孕、腰肢痿弱等症；亦可用于肠燥津枯的大便秘结。

【应用】

（1）补肾壮阳：用于因肾阳虚衰所致的阳痿，垂缕不收，常与熟地、五味子、菟丝子配伍，如肉苁蓉丸，用于肾虚难孕，常与鹿角胶、当归、熟地等配伍。

（2）润肠通便：用于老弱家畜体虚津枯便秘，常与当归、番泻叶、木香等配伍，如当归肉苁蓉汤。

【用量】牛、马：15~45 g；猪、羊：5~10 g。

【注意事项】

（1）阴虚火旺，脾虚泄泻者忌用。

（2）用于津枯便秘，剂量可增大。

（三）巴戟天

巴戟天为茜草科植物巴戟天的干燥根。生用或盐炒用。主产于广东、广西、福建等省。

【性味归经】甘、辛，微温。入肾、肝经。

【功能】补肾壮阳，强筋健骨，祛风除湿。

巴戟天味甘温补阳益火，辛温散风除寒湿。功能温肾壮阳，强筋健骨，祛风除湿，用于阳痿，宫寒不孕，肚腹冷痛，肢体腰脊软弱无力及风寒湿痹诸症。

【应用】

（1）补肾壮阳：用于阳痿，滑精，常与枸杞子、补骨脂、山茱萸、山药、党参等配伍；用于因下元虚冷所致的宫寒不孕，可与益母草、肉桂、艾叶等同用。

（2）强筋健骨：用于肾虚腰胯疼痛，四肢无力，常与杜仲、菟丝子、肉苁蓉、续断等配伍。

（3）祛风除湿：用于因肾阳虚寒所致的腰肢风寒湿痹，常与胡芦巴、杜仲、独活等配伍。

【用量】牛、马：12~30 g；猪、羊：8~9 克。

【注意事项】阴虚火旺或湿热症忌用。

（四）淫羊藿

淫羊藿（又名大叶淫羊藿）：干燥茎细长圆柱形，中空，长 20~30cm，棕色或黄色，具纵棱，无毛。叶生茎顶，多为一茎生三枝，一枝生三叶。叶片呈卵状心形，先端尖，基部心形，边缘有细刺状锯齿，上面黄绿色，光滑，下面灰绿色，中脉及细脉均突出，叶薄如纸而有弹性。有青草气，味苦。心叶淫羊藿（又名小叶淫羊藿）：叶片为圆心形，先端微尖，其他同淫羊藿。箭叶淫羊藿：叶片为箭状长卵形，革质，叶端渐尖呈刺状，叶基箭形，其他与淫羊藿同。主产于安徽、四川、陕西等省。

【性味、归经】辛、甘，温。入肝、肾经。

【功能】补肾壮阳，祛风止痛。淫羊藿甘温益肾而助命门火，辛温祛风散寒止痛。常用于肾阳虚衰所致的阳痿、腰肢无力及风寒湿痹等症。为催情要药。

【应用】

（1）补肾壮阳：用于因肾阳不足所致的阳痿、滑精、腰肢无力，常与熟地、枸杞子、仙茅、蛇床子、肉苁蓉等配伍；用于阳虚宫冷难孕，可与党参、白术、续断、阳起石等同用。

（2）祛风止痛：用于风寒湿痹，腰胯痿弱，四肢屈伸不利等症，常与威灵仙、苍耳子、桂心、川芎等配伍，如仙灵脾散。

【用量】牛、马：1530 g：猪、羊：5~15 g。

【注意事项】本品燥烈，阴虚火旺者忌用。

（五）阳起石

阳起石呈不规则形，乳白、青白至青灰色，或形成青白色与青灰色相间的条纹，具光泽。体重，质地柔软而光滑，捻碎后，其丝棉粘在皮肤上则发痒，且不易去掉。气味均无。主产于湖北、河南等省。

【性味归经】咸，微温。入肾经。

【功能】温肾壮阳。阳起石温暖下元，壮阳催情。

【应用】用于肾虚阳痿症，多与淫羊藿等同用；用于宫冷不孕，可与益母草、淫羊藿、鹿茸等配伍。

【用量】牛、马：30~45 g；猪、羊：8~10 g。

【注意事项】阴虚火旺者忌用。

【药理】阳起石水煎醇提取液，对小鼠阴道口开张，子宫、卵巢重量及子宫的组织学观察等，证明有雌激素样作用。

（六）狗　脊

狗脊为蚌壳蕨科植物金毛狗脊的干燥根茎。生用或制熟用。秋、冬地上部分枯萎时采挖，除去泥沙、茸毛及须根，洗净，切片晒干者为生狗脊；经蒸煮后，晒至六、七成干者为熟狗脊。主产于四川、浙江、福建等省。

根茎呈不规则的长块状，外附光亮的金黄色长柔毛，上部有数个棕红色木质的叶柄。质坚硬，难折断。气无，味淡，微涩。狗脊片呈不规则长形或长椭圆形、圆形。生狗脊片表面有时有未去净的金黄色柔毛，在近外皮约 3~5 mm 处，有一圈凸出明显的内皮层，表面近于深棕色，平滑、细腻，内部则为浅棕色，较粗糙，有粉性。熟狗脊片为黑棕色或棕黄色。

【性味归经】苦、甘，温。入肝、肾经。

【功能】补肝肾，壮筋骨，祛风除湿。

狗脊善补肝肾，壮筋骨，强腰脊，兼可除风寒湿痹。常用于筋骨痿软，腰脊冷痛等症，用治肝肾不足兼有风寒湿邪者，最为适宜。

【应用】

（1）补肝肾、壮筋骨：用于因肝肾不足所致的腰肢无力，骨弱筋弛等症，常与杜仲、牛膝、桑寄生等配伍。

（2）祛风除湿：用于风寒湿痹，常与杜仲、威灵仙、巴戟天、小茴香等同用。此外，根茎上的茸毛，焙干研末，外敷出血创口，有止血功效。

【用量】牛、马：15~45 g；猪、羊：10~15 g。

（七）益智仁

益智仁为姜科植物益智的干燥成熟果实。主产于广东、云南、福建、广西等地。

【性味归经】辛，温。入脾、肾经。

【功效】温肾固精，缩尿，暖脾止泻，

【主治】

（1）本品有温补肾阳、涩精缩尿的作用，适用于肾阳不足、不能固摄所致的滑精、尿频等，常与山药、螵蛸、菟丝子等同用。

（2）温脾止泻。适用于脾阳不振、运化失常引起的虚寒泄泻、腹部疼痛，常与党参、白术、干姜等配用；治脾虚不能摄涎，以致涎多自流者，常与党参、茯苓、半夏、山药、陈皮等配伍。

【用量】马、牛：15~45 g，猪、羊：5~10 g；犬：3~5 g；兔、禽：1~3 g。

【禁忌】阴虚火盛者忌用。

【主要成分】含挥发油，油中主要成分为桉油精、姜烯、姜醇等倍半萜类。

（八）菟丝子

菟丝子为旋花科植物菟丝子的干燥成熟种子。生用或盐水炒用。主产于东北、河南、山东、江苏、四川、贵州、江西等地。

【性味归经】甘、辛，微温。入肝、肾经。

【功效】补肝肾，益精髓。

【主治】

（1）本品为补肝肾常用药，既补阳，又益阴，适用于肾虚阳痿、滑精、尿频数、子宫出血等，常与枸杞子、覆盆子、五味子等配伍；又用于肝肾不足所致的目疾等，常与熟地、枸杞子、车前子等同用。

（2）补肾止泻，主要用于脾肾虚弱、粪便溏泄等，常与茯苓、山药、白术等同用。

【用量】马、牛：15~45 g；猪、羊：5~15 g。

【主要成分】含胆甾醇、菜油甾醇、β－谷甾醇、豆甾醇、β－香树精及三萜酸类物质。另据报道，种子含树脂苷、糖类，全草含维生素及淀粉酶。

【药理研究】本品浸剂能抑制肠蠕动。

（九）补骨脂

补骨脂为豆科植物补骨脂的干燥成熟果实，又称破故纸。生用或盐水炒用。主产于河南、安徽、山西、陕西、江西、云南、四川、广东等地。

【性味归经】辛、苦，大温。入脾、肾经。

【功效】温肾壮阳，止泻。

【主治】

（1）本品为温性较强的补阳药，能助命门之火，用于肾阳不振的阳痿、滑精、腰胯冷痛及尿频等，常与淫羊藿、菟丝子、熟地等助阳益阴药配伍。

（2）有止泻作用，因其既能补肾阳，又能温脾阳，故常用于脾肾阳虚引起的泄泻，多与肉豆蔻、吴茱萸、五味子等同用，如四神丸。

【用量】马、牛：15~45 g；猪、羊：5~10 g；犬：2~5 g；兔、禽：1~2 g。

【禁忌】阴虚火旺、粪便秘结者忌用。

【主要成分】含补骨脂内酯、补骨脂定、异补骨脂内酯、补骨脂乙素。此外，尚含豆甾醇、棉子糖、脂肪油、挥发油及树脂等。

【药理研究】

（1）补骨脂乙素具有兴奋心脏的作用。

（2）对因化学疗法及放射疗法引起的白细胞下降，有使其升高的作用。

（3）对霉菌有抑制作用。

（十）骨碎补

骨碎补为水龙骨科植物槲蕨的干燥根茎。去毛晒干切片生用。

【性味归经】苦，温。入肝、肾经。

【功效】补肾健骨，活血。

【主治】

（1）本品能补肾壮阳而止泻。用治肾阳不足所致的久泻，可与菟丝子、五味子、肉豆蔻等同用。

（2）补肾坚骨，活血疗伤，适用于跌打损伤及骨折等，常与续断、自然铜、乳香、没药等配伍。

【用量】马、牛：15~45 g；猪、羊：5~10 g；犬：3~5 g，兔、禽：1.3~5 g。

【主要成分】含橙皮苷、淀粉及葡萄糖等。

【药理研究】在试管内能抑制葡萄球菌生长。

（十一）续　断

续断为川续断科植物川续断的干燥根。生用、酒炒或盐炒用。主产于四川、贵州、湖北、云南等地。

【性味归经】苦，温。入肝、肾经。

【功效】补肝肾，强筋骨，续伤折，安胎。

（1）本品能补肝肾而强筋骨，又能通血脉，故常用于肝肾不足、血脉不利所致的腰胯疼痛及风湿痹痛，常与杜仲、牛膝、桑寄生等同用。

（2）通利血脉，接骨疗伤，为伤科常用药。治跌打损伤或骨折，常与骨碎补、当归、赤芍、红花等同用。

（3）既补肝肾又能安胎，常配阿胶、艾叶、熟地等治胎动不安。

【用量】马、牛：25~60 g；猪、羊：5~10 g，兔、禽：1~2 g。

【禁忌】阴虚火旺者忌用。

【主要成分】含续断碱、挥发油、维生素 E 及有色物质。

【药理研究】有排脓、止血、镇痛、促进组织再生及抗维生素 E 缺乏等作用。

（十二）蛤　蚧

哈蚧为守宫科动物蛤蚧除去内脏的干燥体。主产于广西、云南、广东等地。

【性味、归经】咸，平。有小毒。入肺、肾经。

【功效】补肺滋肾，定喘止咳。

【主治】本品长于补肺益肾，尤能摄纳肾气，对于肾虚气喘及肺虚咳喘，都可应用，常于贝母、百合、天冬、麦冬等同用，如蛤蚧散。

【用量】马、牛：1~2 对。

【禁忌】外感咳嗽者不宜用。

【药理研究】蛤蚧的乙醇浸出物给小鼠注射后，可使其交尾期延长；去势鼠注射蛤蚧乙醇浸膏后，可使其交尾期再出现。

（十三）胡芦巴

葫芦巴为豆科植物胡芦巴的干燥成熟种子。蒸用或炒用。主产于安徽、河南、四川、甘肃等地。

【性味归经】苦，温。入肾经。

【功效】温肾散寒，止痛。

【主治】本品具有较强的温肾散寒及止痛作用，可用于肾阳不足、寒气凝滞所致的阳痿、寒伤腰胯等。治阳痿，常与巴韩天、淫羊藿等同用；治寒伤腰胯，多与补骨脂、杜仲等配伍。

【用量】马、牛：15~45 g；猪、羊：5~10 g；犬：3~5 g。

【禁忌】阴虚阳亢者忌用。

【主要成分】含胡芦巴碱、胆碱、黏液质、脂肪油、蛋白质、卵磷质、糖类、皂苷、维生素 B_1 等。

（十四）锁　阳

锁阳为锁阳科植物锁阳的干燥肉质茎。切片生用。主产于内蒙古、青海、甘肃等地。

【性味归经】甘，温。入肾、肝、大肠经。

【功效】补肾壮阳，滋燥养筋，滑肠。

【主治】

（1）本品有补肾阳、益精血的功效。用治肾虚阳痿、滑精等，常与肉苁蓉、菟丝子等配伍。

（2）有润燥养筋起痿的作用。用治肝肾阴亏、筋骨痿弱、步行艰难等，多与熟地、牛膝、枸杞子、五味子等配伍。

（3）润肠通便，并有滋养作用。用治弱畜、老年患畜及产后肠燥便秘等，可与肉苁蓉、火麻仁、柏子仁等配伍。

【用量】马、牛：25~45 g；猪、羊：5~10 g；犬：3~5 g；兔、禽：1~3 g。

【禁忌】肾火盛者忌用。

【主要成分】为花色苷、三萜苷等。

三、补血药

（一）当　归

当归为伞形科植物当归的干燥根。切片生用或酒炒用。主产于甘肃、宁夏、四川、云南、陕西等地。

【性味归经】甘、辛、苦，温。入肝、脾、心经。

【功效】补血和血，活血止痛，润肠通便。

【主治】

（1）本品既能补血，又能活血，用于体弱血虚证，常与黄芪、党参、熟地等配伍。

（2）活血止痛。多用于跌打损伤、痈肿血滞疼痛、风湿痹痛等。治损伤瘀痛，可与红花、桃仁、乳香等配伍；治痈肿疼痛，可与金银花、牡丹皮、赤芍等配伍；治产后瘀血疼痛，可与益母草、川芎、桃仁等同用；治风湿痹痛，可与羌活、独活等祛风湿药配伍。

（3）润肠通便。多用于阴虚或血虚的肠燥便秘，常与麻仁、杏仁、肉苁蓉等配伍。

【用量】马、牛：15~60 g；猪、羊：10~15 g；犬、猫：2~5 g；兔、禽：

1~2 g。

【禁忌】阴虚内热者不宜用。

【主要成分】含挥发油、正－戊酸苯邻羧酸、正十二烷醇、β－谷甾醇、香柠檬内脂、脂肪油、棕榈酸、维生素 B、维生素 E、烟酸、蔗糖等。

【药理研究】

（1）当归对子宫的作用具有“双向性”，其水溶性非挥发物质能兴奋子宫平滑肌，使收缩加强；其挥发性成分则抑制子宫，减少其节律性收缩，使子宫弛缓，但两者以兴奋的成分为主。

（2）对维生素 E 缺乏症有一定疗效。

（3）对痢疾杆菌、伤寒杆菌、大肠杆菌、溶血性链球菌均有一定抑制作用。

（二）阿　胶

阿姣为马科动物驴的皮熬煮加工而成的胶块。溶化冲服或炒珠用。主产于山东、浙江。此外，北京、天津、河北、山西等地也有生产。

【性味归经】甘，平。入肺、肾、肝经。

【功效】补血止血，滋阴润肺，安胎。

【主治】

（1）本品补血作用较佳，为治血虚的要药，用于血虚体弱，常与当归、黄芪、熟地等配伍。

（2）又有显著的止血作用，适用于多种出血证。配伍白及，可治肺出血；配伍艾叶、生地、当归等，治子宫出血；配伍槐花、地榆等，治便血。

（3）滋阴润燥，用于妊娠胎动、下血，可与艾叶配伍。

【用量】马、牛：15~60 g；猪、羊：10~1 5g；犬：5~8 g。

【禁忌】内有瘀滞及有表证者不宜用。

【主要成分】含骨胶原，与明胶相类似。水解生成多种氨基酸，但赖氨酸较多，还含有脱氨酸。

【药理研究】有加速血液中红细胞和血红蛋白生长的作用。能改善动物体内钙的平衡，促进钙的吸收，有助于血清中钙的存留，并有促进血液凝固作，故善于止血。

（三）熟地黄

熟地黄为玄参科植物地黄的块根，经加工炮制而成。切片用。主产于河南、浙江、北京，其他地区也有生产。

【性味归经】甘，微温。入心、肝、肾经。

【功效】补血滋阴。

【主治】

（1）本品为补血要药，用于血虚诸证。治血虚体弱，常与当归、川芎、白芍等同用，如四物汤。

（2）又为滋阴要药，用于肝肾阴虚所致的潮热、出汗、滑精等，常与山茱萸、山药等配伍，如六味地黄丸。

【用量】马、牛：30~60 g；猪、羊：5~15 g；犬：3~5g。

【禁忌】脾虚湿盛者忌用。

【主要成分】含梓醇、地黄素、维生素A样物质、葡萄糖、果糖、乳糖、蔗糖及赖氨酸、组氨酸、谷氨酸、亮氨酸、苯丙氨酸等，还含有少量磷酸。

【药理研究】

（1）有降低血糖的作用。

（2）地黄流浸膏对蛙心有显著的强心作用。

（3）有利尿作用。

（4）对疮癣、石膏样小芽孢癣菌、羊毛状小芽孢癣菌等真菌均有抑制作用。

（四）何首乌

何首乌为蓼科植物何首乌的干燥块根。生用或制用。晒干未经炮制的为生首乌，加黑豆汁反复蒸晒而成为制首乌。主产于广东、广西、河南、安徽、贵州等地。

【性味归经】甘、苦、涩，微温。入肝、肾经。

【功效】制首乌：补肝肾，益精血；生首乌：通便，解疮毒。

【主治】

（1）制首乌有补肝肾、益精血的功效，常用于阴虚血少、腰膝痿弱等，多与熟地、枸杞子、菟丝子等配伍。

（2）生首乌能通便泻下，适用于弱畜及老年患畜之便秘，常与当归、肉苁蓉、麻仁等同用。

（3）生用还能散结解毒，用治瘰疬、疮痈、皮肤瘙痒等，常与玄参、紫花地丁、天花粉等同用。

【用量】马、牛：30~90 g；猪、羊：10~15 g；犬、猫：2~6 g，兔、禽：1~3 g。

【禁忌】脾虚湿盛者不宜用。

【主要成分】含卵磷脂及蒽醌衍生物，以大黄素、大黄酚为最多，其次为大黄酸、大黄素甲醚、洋地黄蒽醌及食用大黄苷。此外，尚含淀粉及脂肪。

【药理研究】

（1）所含卵磷脂是构成神经组织，特别是脑脊髓的主要成分，又是血细胞及其他细胞膜的重要原料，并能促进细胞的新生和发育。

（2）大黄素、大黄酸均有促进肠管蠕动作用，故能通便；对痢疾杆菌有抑制作用。

（五）白　芍

白芍为毛茛科植物芍药干燥根。切片生用或炒用。主产于东北、河北、内蒙古、陕西、山西、山东、安徽、浙江、四川、贵州等地。

【性味归经】苦、酸，微寒。入肝经。

【功效】平抑肝阳，柔肝止痛，敛阴养血。

【主治】

（1）平抑肝阳，敛阴养血。适用于肝阴不足、肝阳上亢、躁动不安等，常与石决明、生地黄、女贞子等配伍。

（2）柔肝止痛。主要用于肝旺乘脾所致的腹痛，常与甘草同用。

（3）养血敛阴。适用于血虚或阴虚盗汗等，常与当归、地黄等配伍。

【用量】马、牛：15~60 g；猪、羊：6~15 g；犬、猫：1~5 g，兔、禽：1~2 g。

【禁忌】反藜芦。

【主要成分】含芍药苷、β－谷甾醇、鞣质、少量挥发油、苯甲酸、树脂、淀粉、脂肪油、草酸钙等。

【药理研究】对肠胃平滑肌有不同程度的松弛作用，故有缓挛止痛之效。对葡萄球菌、溶血性链球菌、肺炎双球菌、痢疾杆菌、伤寒杆菌、霍乱弧菌、大肠杆菌及铜绿假单胞菌等有抑制作用。

四、滋阴药

（一）沙 参

沙参为桔梗科植物轮叶沙参、杏叶沙参或伞形科植物珊瑚菜等的干燥根。前两种习称南沙参，后者习称北沙参。切片生用。南沙参主产于安徽、江苏、四川等地；北沙参主产于山东、河北等地。

【性味归经】甘，凉。入肺、胃经。

【功能主治】润肺止咳，养胃生津。主治干咳痰少，热病伤津。

【用量】马、牛：15~45 g；猪、羊：5~10 g；犬、猫：2~5 g；兔、禽：1—2 g。

【应用】

（1）肺虚久咳及热伤肺阴所致的干咳痰少等，常与麦冬、天花粉等同用。

（2）热病伤津所致的口干舌燥、便秘、舌红脉数等，常与生地、麦冬、玉竹等同用。

【禁忌】不宜与藜芦同用。

【药理】南沙参含沙参皂苷、呋喃香豆精；北沙参含挥发油、三萜酸、豆甾醇、β－谷甾醇、生物碱等，具有止咳、祛痰等作用。

（二）天 冬

天冬为百合科植物天冬的干燥块根。生用或酒蒸用。主产于华南、西南、华中及河南、山东等地。

【性味归经】甘、微苦，寒。入肺、肾经。

【功能主治】清热养阴，润肺生津。主治肺热燥咳，热病伤阴，肠燥便秘。

【用量】马、牛：15~40 g；猪、羊：5~10 g；犬、猫：1~3 g；兔、禽：0.5~2 g。

【应用】

（1）肺热阴虚所致的燥咳痰少等，常与麦冬，百部、玄参、川贝等同用。

（2）热病伤阴所致的阴虚内热、津少口渴等，常与生地、党参、沙参等同用。

（3）肠燥便秘，常与玄参、生地、火麻仁等同用。

【药理】含皂苷、氨基酸、多糖及维生素和微量元素等，具有镇咳、祛痰、抗菌、抗肿瘤等作用。

（三）麦　冬

麦冬为百合科植物麦冬的干燥块根。生用。主产于江苏、安徽、浙江，福建、四川、广西、云南、贵州等地。

【性味归经】甘、微苦，凉。入肺、胃、心经。

【功能主治】润肺清心，养阴生津。主治肺热燥咳，热病伤阴，肠燥便秘。

【用量】马、牛：20~60 g；猪、羊：10~15 g；犬：5~8 g；兔、禽：0.6~1.5 g。

【应用】

（1）肺热燥咳，常与天冬、知母、贝母、桔梗等同用。

（2）热病伤阴所致的口渴贪饮等，常与知母、天花粉等同用。

（3）肠燥便秘，常与玄参、生地等同用，如增液汤。

（4）心阴虚所致的心悸、多汗、舌红津少等，常与茯神、远志、丹参等同用。

【药理】含麦冬皂苷、阔叶麦冬皂苷等，具有抗过敏、抗菌和抗心肌缺血等作用。

（四）百　合

百合为百合科植物百合、细叶百合或卷丹的干燥肉质鳞叶。生用或蜜炙用。主产于浙江、江苏、湖南、广东、陕西等地。

【性味归经】甘、微苦，微寒。入心、肺经。

【功能主治】养阴润肺，清心安神。主治肺燥咳喘，阴虚久咳，躁动不安。

【用量】马、牛：30~60 g；猪、羊：5~10 g；犬 3~5 g。

【应用】

（1）肺热燥咳或阴虚久咳等，常与生地，熟地，麦冬、玄参、贝母、甘草等同用，如百合固金汤。

（2）久热病后，余热未清、气阴不足所致的躁动不安等，常与生地、知母等同用。

【药理】含皂苷、生物碱等，具有止咳、祛痰、抗应激、抗疲劳等作用。

（五）石　斛

石斛为兰科植物金钗石斛、环草石斛、铁皮石斛、黄草石斛、马鞭石斛的干燥茎。生用或熟用。主产于广西、台湾、四川、贵州、云南、广东等地。

【性味归经】甘，微寒。入肺、胃、肾经。

【功能主治】滋阴生津，清热养胃。主治热病伤津，阴虚久热。

【用量】马、牛：15~60 g；猪、羊：5~15 g；犬、猫：3~5 g；兔、禽：1~2 g。

【应用】

（1）热病伤阴所致的津少口渴、舌红、草料减少等，常与麦冬、沙参、生地、天花粉等同用。

（2）阴虚久热不退，常与生地、沙参、麦冬等同用。

【药理】含石斛碱、石斛氨碱、石斛醚碱等，具有助消化、抗氧化等作用。

（六）女贞子

女贞子为木樨科植物女贞的干燥成熟果实。生用或蒸用。主产于江苏、湖南、河南、湖北、四川等地。

【性味归经】甘、微苦，平。入肝、肾经。

【功能主治】滋补肝肾，强腰健膝。主治肝肾阴虚，阴虚发热。

【用量】马、牛：15~60 g；猪、羊：6~12 g；犬：3~6 g。

【应用】

（1）肝肾阴虚所致的腰膀无力、眼目不明、滑精等，常与枸杞子、菟丝子、熟地、菊花等同用。

（2）阴虚内热，常与地骨皮、丹皮、白芍、熟地等同用。

【药理】含齐墩果酸、女贞子酸、熊果酸、油酸、亚麻酸、女贞子苷、女贞子多糖、组氨酸、赖氨酸、天冬氨酸、亮氨酸、磷脂酰乙醇胺、磷脂酰胆碱和磷脂酰肌醇等，具有降脂、抗炎、抗菌和抗氧化等作用。

（七）鳖　甲

鳖甲为鳖科动物鳖的背甲。生用或炒后浸醋用。主产于安徽、江苏、湖北、浙江等地。

【性味归经】咸，平。入肝、肾经。

【功能主治】滋阴清热，平肝潜阳，软坚散结。主治阴虚发热，痞块肿瘤。

【用量】马、牛：15~60 g；猪、羊：5~10 g；犬：3~5 g。

【应用】

（1）阴虚日久不退所致的消瘦、盗汗等，常与龟板、地骨皮、青蒿、地黄等同用。

（2）痞块瘤肿，常与三棱、莪术、木香、桃仁、红花、青皮.香附等同用。

【药理】含甘氨酸、脯氨酸、谷氨酸、钙、锰、磷等，具有抗疲劳、抗肿瘤作用，能抑制结缔组织增生，有软肝脾的作用，故对肝硬化、脾肿大有治疗作用。

（八）枸杞子

枸杞子为茄科植物宁夏枸杞的干燥成熟果实。生用。主产于宁夏、甘肃、河北、青海等地。

【性味归经】甘，平。入肝、肾经。

【功能主治】补益肝肾，益精明目。主治肝肾阴虚，视力减退。

【用量】马、牛：15~60 g；猪、羊：10~15 g；犬：3~8 g。

【应用】

（1）肝肾阴虚所致的精血不足、腰肢无力等，常与菟丝子、熟地、山萸肉、山药等同用。

（2）肝肾不足所致的视力减退、眼目昏暗等，常与菊花、熟地、山萸肉等同用，如杞菊地黄丸。

【药理】含枸杞多糖、甜菜碱、玉蜀黍黄素等，具有增强免疫、促进骨髓细胞增殖和分化、促进视网膜内视紫红质的合成或再生等作用。

（九）山茱萸

山茱萸为山茱萸科植物山茱萸的干燥成熟果肉。生用或熟用。主产于山西、陕西、山东、安徽、河南、四川、贵州等地。

【性味归经】酸、涩，微温。入肝、肾经。

【功能主治】补益肝肾，涩精敛汗。主治肝肾阴亏，阴虚盗汗。

【用量】马、牛：15~30 g；猪、羊：10~15 g；犬、猫：3~6 g；兔、禽：1.5~3 g。

【应用】（1）肝肾阴虚所致的腰肢无力等，常与熟地、山药、泽泻、茯苓、丹皮等同用，如六味地黄汤；阳痿滑精，常与牡蛎、赤石脂等同用。

（2）阴虚盗汗等，常与地黄、牡丹皮、知母等同用。

【药理】含山茱萸苷、山茱萸新苷、马钱子苷等，具有抗菌、利尿、降压、降血糖、抗炎等作用。

（十）黄　精

黄精为百合科植物黄精、多花黄精或西南黄精的干燥根茎。生用或熟用。主产于广西、四川、贵州、云南、河南、河北、内蒙古等地。

【性味归经】甘，平。入脾、肺经。

【功能主治】健脾润肺，益肾养阴。主治脾胃虚弱，肺虚燥咳，精血不足。

【用量】马、牛：20~60 g；猪、羊：5~15 g；兔、禽：1~3 g。

【应用】

（1）脾胃虚弱所致的食少便溏、倦怠乏力等，常与党参、茯苓、白术、山药等同用。

（2）肺虚燥咳，常与知母、贝母、沙参、麦冬、天冬等同用。

（3）久病体虚、精血不足，常与熟地、枸杞子等同用。

【药理】含黄精多糖 A、B、C，黄精皂苷 A，B，甘草素，苏氨酸，丙氨酸和微量元素镁等，具有抗炎、增强非特异性免疫、延缓衰老、抗菌等作用。

（十一）玉　竹

玉竹为百合科植物玉竹的干燥根茎。生用。主产于华东、华北、东北及西南等地。

【性味归经】甘，平。入肺、胃经。

【功能主治】滋阴润肺，养胃生津。主治口渴贪饮，肺燥干咳。

【用量】马、牛：30~60 g；猪、羊：10~15 g；兔、禽：0.5~2 g。

【应用】肺胃燥热、阴液不足所致的口渴贪饮、肺燥干咳等，常与天冬、麦冬、沙参等同用。

【药理】含多糖、甾体皂苷、黄酮、生物碱、甾醇、鞣质、黏液质、强心苷等，煎剂少量能使蛙心搏动迅速增强，大剂量能引起心跳减弱甚至停止。乙醇提取物具有降血糖作用，能提高烧伤小鼠血清溶血素的水平和腹腔巨噬细胞的吞噬功能，改善脾淋巴细胞对 ConA 的增殖反应。

参考文献

[1] 常虹，张春红，张娜 . 中药药性理论研究方法对蒙古族药药性理论研究的启示与借鉴 [J]. 中草药，2021，52（23）：7364–7372.

[2] 赵勤实 . 若干中药化学成分与药理活性研究 [J]. 中国药理学与毒理学杂志，2021，35（10）：727.

[3] 李存霞，梁启军 . 中药毒性及临床毒副作用预防措施 [J]. 中国中医药现代远程教育，2021，19（19）：57–60.

[4] 安娜，黄芳敏，王健辉 . 四种中药不同药性与药理作用关系研究 [J]. 陕西中医，2021，42（10）：1349–1353.

[5] 朱铁梁，孙蕾，姬艳苏 . 中药四气理论现代研究进展 [J]. 现代中西医结合杂志，2021，30（28）：3188–3192.

[6] 寇仁博，郭玫，郭亚菲 . 中药药性化学研究进展 [J]. 中国中医药信息杂志，2022，29（03）：142–146.

[7] 尹利顺，张丽娜，张红，等 . 中药配伍减毒的现代研究进展与思考 [J]. 中国合理用药探索，2021，18（09）：1–5.

[8] 王莉兰，周春祥，马俊杰 . 从《伤寒论》“证”内涵和中药配伍运用的多维性探讨“方证相应”[J]. 中医杂志，2021，62（18）：1565–1568.

[9] 高自飞 . 浅析炮制对中药疗效的影响 [J]. 基层医学论坛，2021，25（23）：3366–3367.

[10] 龙天键，许二平 . 方剂配伍理论研究述评 [J]. 中医学报，2021，36（08）：1663–1667.

[11] 李梦焕 . 金银花的包装与贮藏研究 [D]. 开封：河南大学，2019.

[12] 唐蕾 . 连翘的包装与贮藏研究 [D]. 开封：河南大学，2019.
[13] 陈二华 . 影响中药疗效的常见因素分析 [J]. 现代经济信息，2018（21）：322.
[14] 吴翠 . 中药变色和贮藏过程中 5- 羟甲基糠醛等理化指标的分析研究 [D]. 北京：中国中医科学院，2018.
[15] 师光华 . 中药在兽医临床中应用的研究进展 [J]. 农民致富之友，2017（24）：170.
[16] 王金玲 . 兽医临床治疗中中药的应用 [J]. 农业开发与装备，2017（06）：186.
[17] 刘峰林，金辉，王瑞琼，等 . 基于阴阳五行学说论中药药性 [J]. 甘肃中医学院学报，2015，32（03）：21–24.
[18] 赵正孝 . 中国哲学对中药药性阴阳认识的研究 [J]. 医学与哲学（A），2015，36（02）：86–88.
[19] 王正山 . 中医阴阳的本质及相关问题研究 [D]. 北京：北京中医药大学，2014.
[20] 李胜男，张怀亮 . 中医阴阳学说研究进展 [J]. 辽宁中医药大学学报，2014，16（01）：202–204.
[21] 张超云，刘银伟 . 中药五味与五行的关系 [J]. 河南中医，2013，33（10）：1617–1618.
[22] 位亚丽 . 中药配伍禁忌理论文献研究 [D]. 北京：中国中医科学院，2013.
[23] 张卫 .“五味”理论溯源及明以前中药“五味”理论系统之研究 [D]. 北京：中国中医科学院，2012.
[24] 李忠勋 . 试论现代兽医中药发展趋势 [J]. 科技信息（科学教研），2008（11）：46+66.
[25] 王君 . 兽医中药的科学发展观 [J]. 现代畜牧兽医，2006（08）：45–47.
[26] 张克家 . 兽医中药的科学发展观 [J]. 中国禽业导刊，2005（09）：14–17+1.
[27] 郭世宁，佟恒敏，刘远飞 . 我国兽医中药的发展现状与思考 [J]. 中国兽药杂志，2002（06）：1–4.

[28] 张克家 . 试论兽医中药的现代化 [J]. 中国家禽，2001（20）：1–4.
[29] 罗超应 . 兽医中药学发展应医药并重 [J]. 中国兽医杂志，2001（05）：30–31.